本书为淮阴工学院马克思主义学院"马克思主义理论学科"建设成果

生态文明建设
理论与实践研究

（1927—2022年）

任俊宏◎著

江西人民出版社
Jiangxi People's Publishing House
全国百佳出版社

图书在版编目（CIP）数据

生态文明建设理论与实践研究：1927—2022 年 / 任俊宏著 . -- 南昌：江西人民出版社，2025. 5. -- ISBN 978-7-210-15855-4

Ⅰ . X321.2

中国国家版本馆 CIP 数据核字第 2024N6Q416 号

生态文明建设理论与实践研究（1927—2022 年）   任俊宏　著
SHENGTAI WENMING JIANSHE LILUN YU SHIJIAN YANJIU（1927-2022 NIAN）

责 任 编 辑：陈　茜
封 面 设 计：马范如

江西人民出版社
Jiangxi People's Publishing House
全国百佳出版社
出版发行

地　　　　址：江西省南昌市三经路 47 号附 1 号（邮编：330006）
网　　　　址：www.jxpph.com
电 子 信 箱：95254804@qq.com
编辑部电话：0791-88677352
发行部电话：0791-86898815
承　印　　厂：北京虎彩文化传播有限公司
经　　　销：各地新华书店

开　　　本：720 毫米 × 1000 毫米　1/16
印　　　张：14
字　　　数：210 千字
版　　　次：2025 年 5 月第 1 版
印　　　次：2025 年 5 月第 1 次印刷
书　　　号：ISBN 978-7-210-15855-4
定　　　价：58.00 元
赣版权登字 -01-2025-202

目录

导言

一、研究背景

生态环境恶化是当今世界各国面临的全球性问题之一，也是中国改革与发展过程中遇到的重大问题之一。生态建设关系国计民生及社会和谐稳定，关乎党和政府形象与公信力。中国共产党在全国范围内执掌政权尤其是改革开放以来，中国的经济和社会发展取得了举世公认的巨大成就。然而，中国人民在享受现代化建设所带来的甜美果实的同时，也正在"饱尝"生态恶化带来的苦果。例如，城市大气污染和水污染问题十分严重、水土流失和草原退化面积加大、自然资源短缺并且开发不合理等。日益严重的生态环境问题，不仅使人与自然之间变得不和谐，也使人与人之间、人与社会之间变得不和谐。

但是，中国共产党在领导现代化建设和开创中国特色社会主义建设新局面的过程中，长期重视人口、资源与环境问题，长期推行保护环境和节约资源的政策，并取得积极成效。早在改革开放刚刚开始，党就将保护环境确立为中国的基本国策。进入20世纪后，党在积极建立社会主义市场经济体制的同时，大力推进可持续发展的生态建设。继党的十七大报告首次提出"建设生态文明"之后，党的十八大进一步将生态文明建设列入社会主义建设"五位一体"的格局。党的十九大提出建设"富强民主文明和谐美丽"的社会主义现代化强国目标，又把生态文明建设提升到了一个更高的高度，开启了建设、实现"美丽中国"新时代。这是党对中国特色社会主义建设规律认识的深化。在这一过程中，党的生态文明建设理论也逐渐形成。

中国共产党生态文明建设理论，不仅是中国式现代化理论体系的重要组成部分，也是中国特色社会主义理论体系的重要内容。中国共产党生态建设理论是以马克思主义生态建设理论为基础，继承和发展了中华优秀传统文化中关于人与自然关系的思想，同时又吸收了国外尤其是西方发达国家生态建设理论与实践积极成果，深刻总结党在各个时期生态建设的经验，并在改革开放事业的不断推进中发展和形成的。

首先，马克思关于生态建设的论述，为党的生态文明建设提供了理论支持和方法论启示。第一，马克思对人与自然之间辩证关系的论述，成为生态建设思想的核心内容。人是自然界的一部分，自然界是人类生存和发展的物质前提。对此，马克思指出："人靠自然界生活。这就是说，自然界是人为了不致死亡而必须与之处于持续不断地交互作用过程的、人的身体。所谓人的肉体生活和精神生活同自然界相联系，不外是说自然界同自身相联系，因为人是自然界的一部分。"恩格斯也说："我们连同我们的肉、血和头脑都是属于自然界和存在于自然之中的。"在《1844 年经济学哲学手稿》中，马克思还指出："社会是人同自然的完成了本质的统一。"① 此外，马克思在《关于费尔巴哈的提纲》《资本论》《德意志意识形态》等著作中，在人的现实的、感性实践活动，特别是在生产实践的基础上，通过对自然、社会与人的辩证统一关系的分析，不仅揭示了社会生活（社会关系）的实践本质，而且揭示了人与自然关系的实践本质，说明了社会发展的"自然的历史过程"，提出了人与自然之间的实践关系表现为人化自然的关系，从而为我们进一步理解生态文明的本质奠定了思想理论基础。马克思在指出人是自然界的一部分的同时，强调人类活动应该遵循自然规律，否则就会受到自然规律的惩罚。马克思说过："不以伟大的自然规律为依据的人类计划，只会带来灾难。"第二，马克思提出了"绿色生产力"的论断。马克思说，"撇开社会生产的不同发展程度

① 《马克思恩格斯全集（第 42 卷）》，人民出版社 1979 年版，第 122 页。

不说，劳动生产率是同自然条件相联系的。这些自然条件可以归结为人本身的自然（如人种等）和人的周围的自然。外界自然条件在经济上可以分为两类：生活资料的自然富源，例如土壤的肥力、渔产丰富的江河等等；劳动资料的自然富源，如奔腾的瀑布、可以航行的河流、森林、金属、煤炭等等"。众所周知，劳动是人和自然之间的物质交换。同时，劳动也是"人和自然之间的物质交换过程"，这指的是生物与自然环境之间所进行的以物质、能量和信息交换为基本内容的有机联系。社会发展和自然生态系统之间的物质交换包含广泛而深刻的内容，主要包括两个方面：其一，人和自然在劳动中的相互制约和相互影响；其二，劳动过程和物质变化在社会发展过程中统一①。马克思、恩格斯指出，劳动是自然界之间物质变换的条件；劳动又是创造财富的源泉。在马克思看来，相同的劳动在不同的自然条件下，会生产出不等量的劳动产品，也就是说，自然也是生产力。第三，马克思揭示了资本主义制度是造成生态危机的根源。"自然"在马克思主义理论中也是一个核心概念。马克思在《1844 年经济学哲学手稿》中写道："没有自然界，没有感性的外部世界，工人什么也不能制造，它是工人的劳动得以实现……的材料。"② 马克思主义自然资源利用理论与传统资源利用理论的不同之处在于，马克思认为自然资源的稀缺性，只能理解为生产方式的相关因素，即一定的历史关系、生产力、分配和消费等。在《德意志意识形态》中，马克思恩格斯认为污染以及其他形式的破坏都是资本主义社会矛盾的反映。马克思在《资本论》中再次阐释道："资本主义生产只有在已经耗竭并破坏了土地的自然属性之后才会转而重视土地。"③ 马克思甚至认为那些既愚昧无知又利欲熏心的资产阶级对土地的破坏行为代表了"不知觉的社会主义倾向"。在长时期内，很多人认为不断增长的自然资源成本是收益递减规则存在证据。但是马克思对于这一现象的解释则与众不同：他认为这种现象证明了资本主义社会关系之间存在障碍的证据，

① 李惠斌：《生态文明与马克思主义》，中央编译出版社 2008 年版，第 163-164 页。
② 《马克思恩格斯选集（第 1 卷）》，人民出版社 1995 年版，第 42 页。
③ 李惠斌：《生态文明与马克思主义》，中央编译出版社 2008 年版，第 35 页。

正是这一原因导致社会对其自然资源储备无法有效利用；更重要的是，资本主义生产关系阻碍了全国性经济体系的形成。因此，资源的稀缺性不仅仅是由自然资源短缺造成，也是由资本主义无法利用自然资源引起的。进一步说，资本主义制度是造成生态危机的根源。马克思、恩格斯一针见血地指出，资本主义制度使人类与自然生态之间的矛盾发展到了两极对立的程度，"资本主义生产使它汇集在各大中心的城市人口越来越占优势，这样一来，它一方面聚集着社会的历史动力，另一方面又破坏着人和土地之间的物质变换，也就是使人以衣食形式消费掉的土地的组成部分不能回到土地，从而破坏土地持久肥力的永恒的自然条件"，"资本主义农业的任何进步，都不仅是掠夺劳动者的技巧的进步，而且是掠夺土地的技巧的进步，在一定时期内提高土地肥力的任何进步，同时也是破坏土地肥力持久源泉的进步"。[①] 第四，生态结构也是社会结构的重要组成部分。马克思指出，生态结构是整个人类社会结构的重要组成部分。因为物质生产是人和自然之间实现物质变换的基础，物质生产不仅产生一定的社会结构，还产生人与自然的关系。按照唯物史观基本原理，"历史可以从两方面来考察，可以把它划分为自然史和人类史。但这两方面是密切关联的，只要有人存在，自然史和人类史就彼此相互制约"，"从物质生产的一定形式产生：第一，一定的社会结构；第二，人对自然的一定关系。人们的国家制度和人们的观念都由这两者决定。因而，人们的精神生产的方式也由这两者决定"。马克思在科学分析的基础上，揭示了自然生态系统对社会结构和社会发展的制约性影响。一方面，社会结构既在社会基本矛盾的发展中形成，也受到自然生态系统的重大制约。"这种生产的承担者对自然的关系以及他们互相之间的关系，他们借以进行生产的各种关系的总和，就是从社会结构方面来看待社会。"[②] 另一方面，随着人类社会的发展，自然生态系统对社会发展的影响日趋加深。可见，在物质生产发展的基础上实现的人和自然之间的物质变换关系就是整个社会结构的重要组成部分，对社会的

---

① 《马克思恩格斯全集（第23卷）》，人民出版社1972年版，第552页。
② 《马克思恩格斯全集（第25卷）》，人民出版社1974年版，第925页。

政治结构和文化结构都有重大的影响。正是在以上分析的基础上，马克思强调了社会与生态环境协调发展的意义。马克思不仅强调社会发展与生态环境相统一的重要性，而且指出了统一的基础——工业化生产对人与自然关系的影响，进一步表明社会实践方式特别是生产方式推动着人与自然关系的变化，实现着自然的人化过程，而在此基础上也就构成了生态文明的本质。

其次，中华优秀传统文化关于人与自然的学说，是党的生态文明建设理论的重要思想源泉。中华文化源远流长，积淀着中华民族最深层的精神追求，代表着中华民族独特的精神标识，其中有关人与自然关系的思想至今仍然闪烁着智慧的光芒，是涵养中国共产党生态文明建设理论的重要思想源泉。关于人和自然、社会发展和自然生态系统的关系问题，自古就为我们的祖先所关注。由于中国历来是农业大国，在古代农业生产中，农业劳动者同土地、同大自然保持着直接的接触，通过对农业生产进行哲学思考，就会自然地把自然界看作一个有机的整体，看作相互联系、相互依赖，不断运动、生长和发展的过程，进而产生了朴素的自然生态思想，产生了既利用自然又保护自然的生态学观点，产生了尊重自然规律、人与自然和谐共处的思想。在中华优秀传统文化中，大多数思想家认同"天地与我并生，而万物与我为一"的朴素整体观，明确承认人类和万物一样，是天地自然而然的产物，人类社会是自然发展的结果，人是自然的一部分。他们认为，作为一个宇宙生命的整体，合德并进，圆融无间，才是天人和谐的最高境界，形成了"天人合一"的生态观和生态学说。"天人合一"思想，在指导中国古代生态建设的实践中，曾起到一定积极作用。中国历史上很多朝代曾制定了具体的环保"律令"，并设立了环境保护机构。这些环境保护机构和法律对当时的资源环境保护起到了积极的作用。

可以看到，中华优秀传统文化中关于人与自然的思想，对增强人们的生态价值观、生态美学意识、树立生态道德准则、建设生态文明具有重大贡献。

"不忘历史才能开辟未来，善于继承才能善于创新，只有坚持从历史走向未来，从延续民族文化血脉中开拓前进，我们才能做好今天的事业。"① 中华文明传承五千多年，积淀了丰富的生态智慧。中国共产党历来以弘扬中华优秀传统文化为己任，党的生态文明建设理论正是继承和发展了中国传统文化中关于人与自然的宝贵思想，并不断赋予其新的时代内涵。

再次，国外尤其是西方发达国家生态建设的理论与实践，为党的生态文明建设理论提供了有益的借鉴。人类能够影响甚至改变自然界的发展进程，是从近代西方工业革命开始的。此后，随着生产力和科学技术的巨大发展，整个资本主义社会的财富在急剧增加，同时也使人类陷入某种前所未有的困境：随着人类掠夺自然资源能力的增强，生态环境遭到前所未有的污染和破坏，直接威胁到人类的生存。如1952年英国伦敦发生的"烟雾事件"，就是工业排放和家庭烧煤取暖导致的。但由于致害原因未被彻底查清，政府无法采取有效措施。直到1956年、1957年和1962年，伦敦又发生"烟雾事件"，英国政府才组织人员对此进行专门分析研究，彻底查找致害原因。由于汲取了伦敦"烟雾事件"的惨痛教训，英国率先开始进行空气污染治理。1956年，英国出台了世界第一部《清洁空气法》。此后，英国的环境立法工作一直走在世界前列。又如，作为最早进入工业化国家之一的美国，随着工业快速发展，美国生态环境问题也日益突出。特别是"二战"之后，美国进入了生态环境污染事件高发阶段。在震惊世界的八大环境公害案件中，美国空气污染就占了两件。从20世纪50年代起，美国开始空气污染防治立法，应对日益严峻的污染形势。西方国家的教训表明，"先污染后治理"的老路不仅走不通，而且会付出沉痛的代价。

20世纪60年代后，随着现代工业对生态环境破坏的加剧，现代生态学在西方国家开始兴起。西方社会开始出现生态马克思主义理论，其发展大致经历了生态马克思主义、生态社会主义、马克思主义的生态学几个阶段。与此同时，西方政治舞台上开始出现大规模的绿色政党政治运动。七八十年代，

---

① 《从延续民族文化血脉中开拓前进》，人民网，http：//opinion.people.com.cn/n/2014/1009/c159301-25792535.html。

国外开始重视制定环境规划。而环境规划在调整当时的国民经济、社会发展和环境保护的关系方面起到了巨大作用。这期间，各国生态建设按其特点可以划分为两种类型：一种是西方国家的环境规划，其特点是运用法律形式将环境规划加以固定，即制定环境目标，依靠法律和经济手段强制执行。如20世纪70年代，英国推出了《工作场所健康和安全法》，规定污染工业企业必须采取最有效的手段避免将有害气体排入大气。1970年，美国通过了《清洁空气法》，该法奠定了美国空气污染管制的基本框架。1990年，美国在《1990〈清洁空气法〉修正案》中提出"酸雨计划"，决定采用排污交易控制二氧化硫和酸雨。2010年是"酸雨计划"规定目标之年，从结果来看，酸雨计划取得了巨大成功。另一种是以苏联为代表的计划经济体制国家所制定的环境规划，其主要特点是将环境保护纳入了国民经济计划之中，靠经济、行政、法律手段对环境和自然资源实行"计划管理"。进入90年代，整个人类社会的生态环境意识进一步提高。1992年，在巴西里约热内卢召开的联合国环境与发展大会，是人类生态建设史上的重要里程碑。会议确立的可持续发展模式为众多国家所接受。会后，许多发达国家和发展中国家分别制定了适合本国可持续发展战略。

　　中国共产党丰富的生态建设经验，为生态文明建设理论的发展与形成提供了坚实的实践基础。党在领导长期的革命和建设实践中，积累了丰富的生态建设经验。如中央革命根据地时期，为了发展农业生产，解决根据地粮食等生活物资问题，中国共产党制定了一系列生态环境建设政策，进行了开垦荒地、兴修水利、植树造林、防灾减灾等多项生态建设实践，并取得良好效果。早在中央苏区时期，党就提出"广植树木"，以"防止水灾天旱灾之发生"[1]；陕甘宁边区时期，党又领导了更大规模的以开荒与植树为主要内容的生态建设运动。这一系列生态环境建设政策及实践，不仅促进了根据地农业生产发展，为实现党的农村包围城市战略作出了积极贡献，也促生了党的生态建设理论的最初萌芽，为新中国成立后党的生态建设理论的形成和发展奠定了重

---

[1] 《中华苏维埃共和国临时中央政府人民委员会对于植树运动的决议案》，参见《红色中华》，1932年3月23日。

要基础。新中国成立后，党从治国理政的高度开展了形式更加多样的生态建设。在这一过程中，党的主要领导人都对生态建设作出了许多重要论述。毛泽东要求在注重人在社会生产中的作用的同时不断改造自然；强调人类在自然界面前约束自己，使得生产活动统筹兼顾、适当安排；强调水利关乎农业的命脉；提倡植树运动，并提出节约资源的主张，要求对企业中的"三废"实行综合利用。邓小平在谈到社会主义现代化建设时，强调保护自然环境的重要性，提出了要依靠科技与法制解决生态建设问题。江泽民从经济与人口、资源、环境协调发展出发，确立了可持续发展道路与目标。胡锦涛在提出科学发展观的基础上，明确了中国生态文明建设道路并上升到现代化建设总体布局的高度。党的十八大之后，习近平总书记从实现中华民族伟大复兴中国梦的高度，对生态文明建设进行了更加系统的论述，并使得生态文明建设成为贯彻"五位一体"总体布局、"四个全面"战略布局的内容和任务之一。党的十九大将建设"美丽中国"确定为中国特色社会主义现代化建设强国目标之一，并对新时代中国特色社会主义生态文明建设提出一系列新论断。党的二十大明确中国式现代化是人与自然和谐共生的现代化，强调要推进美丽中国建设，必须推动绿色发展。党的领导人关于生态建设的重要论述，为党的生态文明建设理论的形成与发展起到了重要的指导作用。

二、理论意义和实践意义

工业文明的发展给人类带来了巨大的物质财富，也引发了全球性的生态危机。在严峻的生态危机面前，世界各国开始逐渐认识到，未来人类社会的生存与发展在相当大的程度上要依靠自然生态支持系统，而协调好经济社会发展与生态建设的关系，是各国实现可持续发展的前提条件。由于工业文明发端于西方，因此，克服工业文明弊端的生态建设理论与实践，西方社会自然也走在前面，也有着许多经验可以借鉴。但是，中国的生态建设更具有自己的特殊性：在世界范围内很难找到像中国这样的国家，在如此庞大的人口规模上推进工业化建设；没有哪个国家像中国这样，以如此快的经济发展速度推进工业化；没有哪个国家像中国这样，在低起点的技术水平和污染治理水平上推进工业化。世界各国生态建设道路表明，在中国这样一个具有特殊国情的东方大国开辟有中国特色的生态建设道路，不仅对中国生态建设和社会现代化进程具有重大意义，还对世界生态建设和社会现代化具有典型意义。当前，中国仍然是一个发展中国家，正面临着发展经济和生态建设的双重任务。这就需要对中国共产党领导生态建设理论的发展脉络进行系统梳理，全面领会其内涵和实质，从而认识中国生态建设的规律和特点。全面考察中国共产党领导和探索中国生态建设的历史过程，认真总结中国共产党领导中国生态建设的历史教训，无论是对于推进中国生态建设，还是对于社会主义现代化建设，都有着极为重要的意义。因为，这是从多方面、多角度深化中国共产党历史研究的需要，有助于中国共产党通过总结经验，提高领导中国生态建设和社会主义现代化建设的本领；这是全方位、多角度考察中国生态建设历史进程、全面总结中国生态建设历史经验并把握其客观规律的需要，为中国式现代化进程中的社会主义生态文明建设提供经验启示。这是深入学习马克思主义、毛泽东思想和中国特色社会主义理论体系的需要，使我们更加坚定地走中国特色社会主义现代化道路。

三、选题的国内外研究现状

国外普遍重视生态建设始于 20 世纪 70 年代，进入 80 年代以后，生态建设在协调国民经济、社会发展与环境保护的关系方面起到了巨大作用。当代国外生态建设研究表现出新的特点和发展趋势：一是范围扩大。生态建设由过去的一个片区、一个城市、一个地区，发展到区域甚至整个国家，"应对气候变化、实现'双碳'目标已成为全球共识"。二是原理生态化。生态环境可以被看成以物质、能量、信息为基础的不同生态类型，因此，生态建设向着生态学方向发展。三是内容生产化。将生态建设与城市、区域、流域社会经济发展规划紧密相连，结合生产力布局，从根本上解决经济发展与生态破坏的矛盾，同时使生态建设能够体现经济发展计划的指标和要求。四是手段现代化。随着国际上数学模拟技术的发展、计算机网络化和数据库的建立，生态建设的数学模拟研究也迅速发展。这些模型可系统、综合地分析、评价和预测生态环境质量的变化，客观地掌握环境污染物质的迁移转化规律。

　　学术界对于中国生态建设理论的研究，最早始于 20 世纪八九十年代对于西方生态马克思主义的介绍。近几年发表的有关生态文明建设的学术期刊论文及相关的博士学位论文都集中于这些内容，其方法和思路主要也来自于西方生态文明理论。如，中国社会科学院研究生院博士生张剑的学位论文《中国社会主义生态文明建设研究》（2009 年），就中国社会主义生态文明理论的建构，提出中国社会主义生态文明建设的基本内容、原则与特点，以期更好地阐释科学发展观；中共中央党校博士生刘静的学位论文《中国特色社会主义生态文明建设研究》（2011 年），通过对中国特色社会主义生态文明建设发展现状的深入分析，从总体上提出中国特色社会主义生态文明建设的重要性和紧迫性以及推动中国特色社会主义生态文明建设的系统性、操作性对策，从而为全面建设小康社会和构建社会主义和谐社会提供具体思路和政策支持；河北大学博士生王连芳的学位论文《当代中国共产党人的生态文明思想研究》（2012 年），对当代中国共产党人的生态文明思想进行研究，并在此基础上进一步阐发当代中国共产党人生态文明思想的发展和进步对中国特色社会主义生态文明建设的启示和意义；西安交通大学博士生张首先的学位论文《生态文明研究》（2011 年），主要阐明了中国的生态文明建设在资本主义所主导的经济全球化背景下，虽然面临着更加复杂的挑战，但它必将在解决全球生态危机的背景下获得普遍的信任和真正的话语权，必将在人类社会的可持续发展中发挥重要的作用。但是，从中国共产党生态建设历程和经验的角度来对中国生态文明建设进行论述的相关博士学位论文目前未查到。学术期刊发表的相关论文主要有 3 篇：巴志鹏《中国共产党生态文明思想的理论渊源和形成过程》（《河南社会科学》2008 年第 2 期）；谭虎娃、高尚斌《陕甘宁边区植树造林与林木保护》（《中共党史研究》2012 年第 10 期）；熊辉、任俊宏《改革开放以来中国共产党生态文明思想的演进》（《新视野》2013 年第

5 期）。进入新时代，学术界围绕"中国特色社会主义生态文明建设"这一主题展开广泛和深入研究，产生一系列学术论文和专著。主要内容有：探讨人与自然和谐共生的现代化战略定位与传统文化底蕴；概括新时代中国特色社会主义生态文明思想的世界观和方法论；构建新时代中国特色社会主义生态文明思想话语体系；挖掘新时代中国特色社会主义生态文明思想的世界意义；阐释新时代中国特色社会主义生态文明建设中党的领导本质特征等。从总体上看，学术界从中国共产党历史及中国现代化建设历程的角度，对党的生态建设发展的历史进程进行的研究，到目前为止还显得薄弱。鉴于此，本书主要以中国共产党领导现代化建设及中国生态文明建设实践为基础，阐述和梳理中国共产党生态文明建设的发展历程及经验与启示。

四、基本思路

通过对党的生态文明建设实践的历史梳理，阐明党的生态文明建设发展的历史必然性；通过对党的生态文明建设在不同阶段价值指向的论述，阐明生态文明建设是中国特色社会主义理论体系的重要内容，是马克思主义生态观中国化的重要体现；通过总结和展示党的生态文明建设的成就与经验，彰显生态文明建设对于发展中国特色社会主义和现代化建设的重要性，也为中国实现伟大复兴中国梦进程中进一步发展生态文明建设提供启示。

五、主要研究方法

第一，文献研究的方法。本书主要以马克思、恩格斯和毛泽东、邓小平、江泽民、胡锦涛、习近平的著作、论述和讲话及中共中央文献选编等重要文献作为第一手资料，深入梳理、挖掘，力求揭示中国共产党生态文明建设的发展历史进程。第二，历史与逻辑相统一的方法。本书将考察与研究中国共产党生态文明建设的历史进程并展现中国共产党领导生态文明建设作出的方法论思考和探索，深刻分析其探索的原因，着重反映其探索的本质、原因、规律和特点。第三，比较的方法。借助于历史考察，运用比较的方法，对不同时期中国共产党领导环境保护与生态建设进行比较研究，以及与国外其他国家生态建设进行比较，进而进一步揭示中国共产党在不同阶段的生态建设是一脉相承、与时俱进的。

六、研究内容与创新点

本书以中国现代化发展的广阔视野，从历史的视角展示中国生态建设及党的生态文明建设的发展历程，彰显中国共产党生态文明建设的成就与经验，为中国的生态文明建设向更高层次发展提供启示。

第 1 章

新民主主义革命时期党的生态环境政策

大革命失败后，中国共产党将革命重心逐渐由城市转入农村，创建农村革命根据地，独立领导中国革命。中国共产党认识到革命根据地必须加强经济建设，尤其是要发展农业生产，以解决最重要的粮食问题，为革命战争提供必需的物质基础，从而使根据地得到巩固和发展。中国革命根据地农业生产的发展，不仅是在落后的经济条件下进行，同时也是在较恶劣的自然环境中进行的。为此，党在革命根据地时期制定了一系列维护生态环境的方针、政策，促进农业生产发展，并取得了重要成就。

1.1 土地革命战争时期党的生态环境政策与实践

土地革命战争时期，中国共产党领导革命根据地群众积极进行经济建设，着重发展农业生产，对根据地生态环境进行了综合治理。

1. 井冈山革命根据地兴修水利、植树造林的政策与实践

1927 年 10 月，毛泽东率领经过三湾改编后的湘赣边界秋收起义部队700 余人到达茅坪，创建了以宁冈为中心的井冈山革命根据地，开始走上一条农村包围城市、武装夺取政权的革命道路。

井冈山斗争时期，根据地经济落后，生产力水平十分低下。国民党军队在以武装进犯的同时，一刻也没有停止对井冈山革命根据地经济封锁，致使根据地生活条件异常艰苦。井冈山地区虽然地势险要，易守难攻，但"人口不满两千，产谷不满万担"[①]，连军民的日常衣食用品也难以得到必要的供应。毛泽东曾讲道："边界政权割据的地区，因为敌人的严密封锁，食盐、布匹、药材等日用必需品，无时不在十分缺乏和十分昂贵之中，因此引起工农小资产阶级群众和红军士兵群众的生活的不安，有时真是到了极度。"[②] 这就决定了井冈山革命根据地经济建设的极端艰巨性和重要性。

由于井冈山革命根据地军民衣食及军需用品的供应主要靠井冈山地区的农业生产来维持，发展农业生产对根据地的建立和发展便具有至关重要的意义。在毛泽东看来，农业生产的内涵相当丰富，所要解决的不仅仅是农民最关心的粮食问题，还要高度重视衣服、砂糖、纸张等日常用品的原料即棉、麻、蔗、竹等供应问题。农业的发展，与根据地的自然环境条件有着紧密的联系。因此，毛泽东把"森林的培养"作为农业生产的重要组成部分，并且大力倡导农田水利等农业基础设施建设。井冈山革命根据地军民从根据地自然条件的实际出发，采取多种措施，使根据地农业生产焕发勃勃生机。其中，最为重要的也是最有影响的两项生态环境政策就是兴修水利和植树造林。

水利是农业的命脉。井冈山革命根据地建立前，根据地区域内的各县由于长期受到地主豪绅阶级的反动统治和经济剥削，广大农民的生产积极性被压抑，土地荒废，水利失修，农业生产受到了严重破坏。为发展根据地的农业生产，各级党组织和苏维埃政府发动农民广泛地开展了修复陂、圳、坝的活动，使根据地各县的水利状况大有改观。例如，永新县一心乡修复了一座能灌溉 300 亩面积的水塘及许多大小水渠[③]；莲花乡修复了许多大小陂塘、水坝和水渠。井冈山革命根据地兴修水利，使农业生产有了一定保障。在以毛

---

① 胡绳：《中国共产党的七十年》，中共党史出版社 1991 年版，第 90 页。
② 《毛泽东选集（第一卷）》，人民出版社 1991 年版，第 53 页。
③ 张泰城、刘家桂：《井冈山革命根据地经济建设史》，江西人民出版社 2007 年版，第 133 页。

泽东为代表的党组织的高度重视和有效指导下，井冈山革命根据地军民在军事斗争之余，开展了热火朝天的农田水利等农业基础设施建设，改善了根据地农业生产的自然条件，为根据地星星之火形成燎原之势提供了必要的物质基础。

林业是农业生产的一个重要组成部分。植树造林，不仅能增产大量的竹、木、油、茶，直接增加农民的收益，而且能防止水土流失，调节气候，促进农作物的增产。为了保护和发展森林资源，井冈山革命根据地内的苏维埃政府，一方面制定有关保护森林的规定。如遂川县苏维埃政府发布训令，明令各乡农民应保护森林，禁止烧山。并规定：一不得运木做材；二不得损坏树皮；三不得砍伐茶树，如违严责不贷[①]。另一方面开展植树造林活动。1928 年 12 月，以毛泽东为书记的中共湘赣边界特委颁布了《井冈山土地法》。这部土地法创造性地解决了土地分配中若干基本政策和方法。其中关于林木业方面的内容有："茶山、柴山，照分田的办法，以乡为单位，平均分配耕种使用，竹木山，归苏维埃政府所有。但农民经苏维埃政府许可后，得享用竹木。"这些规定对于促进井冈山革命根据地林木业的发展起到了重要作用。1928 年底，湘赣边界党组织建立了一条赤白贸易线，沟通赤白贸易。12 月，湘赣边界工农兵政府成立了竹木委员会，负责组织竹木对白区出口事宜。竹木委员会的成立，对于打破敌人的经济封锁、活跃井冈山革命根据地经济，起了积极的作用。

可见，井冈山根据地各级苏维埃政府遵照党组织的指示，加强了对根据地农业生产的领导，采取多项措施引导根据地生态环境建设，并以明确的法律规章制度实现了对农业生产的有效督促及其长效运行。

2. 中华苏维埃共和国制定农业生态环境政策及措施

1931 年 11 月，在江西瑞金诞生了中华苏维埃共和国。中华苏维埃共和国除直接管辖中央苏区外，还先后管辖有湘赣、湘鄂赣、闽浙赣、鄂豫皖等十几个苏维埃区域。其中，中央苏区是土地革命战争时期全国最大的革命根

---

① 赵增延、赵刚：《中国革命根据地经济大事记（1927—1937）》，中国社会科学出版社 1988 年版，第 20 页。

据地，是全国苏维埃运动的中心区域，是中华苏维埃共和国军政首脑机关的所在地。它的一些政策措施具有典型的代表性，并对全国其他苏区产生重要影响。

为了适应革命战争发展和苏区经济发展的需要，中华苏维埃政府于 1933 年 2 月 26 日发表《为了打破敌人对苏区的经济封锁告群众书》，指出"国民党军阀不但用了五六十万白军向我中央苏区大举进攻，到处烧杀抢掠，使我们地区鸡犬不宁，而且在经济上封锁我们"，广大群众积极行动起来，打破国民党的经济封锁。[①] 为此，苏维埃中央政府于 1933 年 8 月 12 日至 15 日、8 月 20 日至 23 日，分别召开中央苏区南部县和中央苏区北部县的经济建设大会[②]，动员各级苏维埃政府和苏区人民努力生产、发展经济，打破敌人的经济封锁。由于经济是维系苏区生存和发展的基础，而农业又是苏区经济的支柱，为了迅速恢复和发展苏区的农业生产，苏维埃政府采取了许多有力的生态环境建设措施：

第一，依据根据地的自然环境条件，确立农业生产作物种类。以根据地的自然条件为基础，各根据地苏维埃政府确定农作物种植的种类为：第一是谷米；第二是杂粮（番薯、豆子、花生、麦子、高粱等）；第三是蔬菜；第四是棉花；第五是竹子；第六是木梓；第七是烟叶。这些生产，一半是人民的粮食，一半是工业原料。其中谷米是南方各省大宗生产作物，因此应放在第一位，要增产二成。杂粮是青黄不接时的主要口粮，也要重视生产，以便满足常年食用之需。蔬菜是日常离不开的，"蔬菜半年粮"，种植蔬菜也需优先考虑。棉花也很重要，缺乏棉花是根据地一大困难。在敌人的经济封锁下，军民要自力更生解决穿衣问题，就必须种植棉花。其他几项作物，如木梓可以出产木油，烟叶可以发展出口，在粮食有余的地方也应多种。政府还把保

---

① 赵增延、赵刚：《中国革命根据地经济大事记（1927—1937）》，中国社会科学出版社 1988 年版，第 83 页。

② 厦门大学法律系、福建省档案馆：《中华苏维埃共和国法律文件选编》，江西人民出版社 1984 年版，第 8 页。

护山林、竹子等列入农业生产方针中。

第二，制定多项开垦荒地措施，增加耕地面积。由于国民党"围剿"及劳动力缺乏，根据地农田耕种受到严重影响，导致出现大量荒田荒地。这些荒田荒地中，一部分是过去未开垦的无主荒地，另一部分虽是已分配的有主田地，但也是未开垦的。为了迅速发展革命根据地农业生产，开垦荒地就成为紧迫任务。各革命根据地都积极从当地的自然环境条件出发，采取多项措施，推动民众开荒垦荒。1929 年 11 月，中共闽西"一大"制定的奖励垦荒办法规定：凡开垦荒地者 6 年之内不收地租，10 年之内任其使用，政府不收回。此项政策使汀东、宁化、上杭及龙岩红坊的大量荒地得到开发，扩大了种植面积，提高了粮食产量。1933 年 2 月 15 日，中华苏维埃政府发布《开垦荒田荒地办法》，提出：组织开荒队，有计划地指定地点开荒；凡是工人、雇农、贫农、中农及一切有选举权的群众所开发的无主的荒田荒地，即属于开荒人所有，准许三年不收土地税；凡属富农开发的荒田荒地，富农有所有权，并准免土地税一年；工农群众及富农开发不完的无主荒田荒地，应准许地主分子去开发。苏维埃政府允许他耕种五年，但无土地所有权，第一年免交土地税[1]。同时，颁布的《耕田队条例》对相关措施作出更进一步规定。1933 年 5 月 25 日，中华苏维埃共和国中央土地人民委员会颁布《开荒规则指示与开荒动员办法》，对《开垦荒田荒地办法》作了若干重要的补充，主要是进一步明确了开荒人的土地所有权。

第三，发动兴修水利和植树运动，减少自然灾害的影响。中央苏区根据地农业收成不好，与水旱等自然灾害有很大关系。为了减少自然灾害对农作物生长的恶劣影响，苏区党和政府领导人民掀起了兴修水利的热潮。为此，中央政府土地部要求各根据地："水陂、水圳、水塘，不但要修理旧的，还要开筑新的，缺水的地方要在高地开挖水塘，水车未修理好的要继续修好。沿河地方要设置水车，水是稻田的命脉，无水则人口肥料都成了白费，乡区政

017

---

[1] 赵增延、赵刚：《中国革命根据地经济大事记（1927—1937）》，中国社会科学出版社 1988 年版，第 83 页。

府要组织水利委员会去领导全区全乡水利发展。"① 毛泽东非常重视农田水利基本建设。在他的主持下，中华苏维埃政府专门设立了水利机构。由于政府的积极领导和广大群众的积极参与，各根据地通过政府向群众筹措和群众分担集资的办法，迅速筹集了水利建设经费，建筑了许多农田水利工程，不仅使许多已经失修的水利工程都修筑起来，还开辟了许多新的灌溉设施，大大提高了农田灌溉面积。为了保障田地生产，不受水旱灾害的摧残，中华苏维埃政府决定实行普遍的植树运动。1932 年 3 月 16 日，中华苏维埃政府中央人民委员会召开第十次常务会议，通过了《对于植树运动的决议案》，其中强调 "中央苏区空山、荒地到处都有"，并指出植树的办法：对于沿河两岸及大路两旁，均遍种各种树木；凡适宜种树之荒山、广场、空地都要种起树来；以及选好种子、开展植树竞赛等。在毛泽东和中华苏维埃政府的领导下，根据地农业生态建设极大促进了农业生产发展。如，1933 年赣南农业生产比上年增产 15%。

第四，改良土壤、改良品种，提高农业产量。改良土壤，提高土壤肥力，是农业增产增收的必要条件。为了多施肥促丰收，中华苏维埃政府号召多积肥、多施肥。1931 年 12 月 13 日，湘鄂赣省苏维埃政府鄂东南办事处作出《经济问题决议案》，全面制定鄂东南苏区经济发展计划。在农业方面的相关内容有：改良农具种子、增施肥料，提高粮食产量；有计划地种植棉麻、桐棕、茶子等经济作物。1933 年 2 月，福建省各县区土地部长联席会提出了广开肥源的办法，以及多施肥的要求："牛屎、鸡屎、猪屎、狗屎、牛栏粪、鸡栏粪、羊栏粪、草皮、塘泥、烧草灰、牛骨、豆饼、菜麸、烧石灰、洋肥、泥坑土等都可以作肥"，"今年要比去年多下一次肥"，"每一种肥，今年要多加"。为了提高土地出产率，苏区党和政府还大力号召利用冬闲季节进行冬耕，要求 "每丘田至少要犁、耖两次，耘三次，番稻更要多耘，要使田里没有一寸草"。为此，根据地还推广农业生产的相关技术。1934 年 3 月 15 日，《红色中华》发表《农事试验场的初步工作》一文。文章介绍了瑞金农事试验场的办场情况以及工作中存在的问题，提出农业试验场今后要切实担负起供给各地农业

_018_

---

① 顾龙生：《中国共产党经济思想史》，山西经济出版社 1999 年版，第 70 页。

生产知识和经验的任务。5月28日,《红色中华》报道:"在福建今年的春耕中,已学会犁耙和莳田的妇女有一千六百多人。在兴国,今年一月全县还只有三百三十六个妇女会犁耙,到四月就有一千零八十多人了"[①]。

第五,结合根据地时令特征,推动春耕秋种运动。1931年,中共闽粤赣省委作出《春耕运动决议》,提出在春耕运动中深入开展土地革命;要领导农民以互助组的办法解决人工,肥料、种子等困难问题;要多开荒多种粮食,用革命竞赛的方法来推动和鼓励群众。1931年6月4日,中共鄂豫皖苏区中央分局发出关于春耕运动的通告,指出:苏区粮食主要来源于米谷之种植,今插秧时期日届,因受敌人"围剿"的影响,许多区域缺牛、缺秧,不能及时栽种。为此,通告提出了相应的五项措施。1932年1月12日,临时中央政府人民委员会召开第四次常务会议,讨论春耕生产问题,决定立即发动一个春耕运动,领导群众实行耕种的互助,以解决根据地耕牛、种子等严重不足的困难。2月28日,人民委员会又发出《春耕问题的训令》,指出完成春耕增加农业生产,不但是关系苏区群众日常生活的需要,而且是巩固和加强苏区和红军向外发展的物质力量。1934年2月10日,中共中央、中央政府人民委员会作出《关于春耕运动的决定》,指示各地动员全苏区的工农群众提早进行春耕,争取比去年增加两成粮食的收获,并完成五万担田的棉花,消灭四十万担荒田和多种杂粮、蔬菜等任务[②]。关于秋种,中共湘赣省委在1932年7月22日作出《关于秋种运动的决定》,指出:为着胜利地完成今年的秋收运动,要立即组织割禾队,要使今年的秋收没有一穗禾、一粒谷落在田里。同时应发动群众抓紧秋种,要多种麦子、豌豆等,使全苏区在春夏秋冬四季没有一丘荒地,一块闲地,以提高土地生产力。

以中央苏区为代表的各革命根据地所制定的生态环境政策,有力地促进

---

① 赵增延、赵刚:《中国革命根据地经济大事记(1927—1937)》,中国社会科学出版社1988年版,第102页。

② 赵增延、赵刚:《中国革命根据地经济大事记(1927—1937)》,中国社会科学出版社1988年版,第102页。

了根据地农业生产发展。1932年6月15日，洛甫在《红旗周报》发表《苏维埃政府怎样为粮食问题的解决而斗争》一文，详细介绍了鄂豫皖、湘鄂西、闽赣、赣东北等苏区用各种办法解决粮食问题的经验。文章讲到：通过一系列措施，苏区农业生产得到恢复和发展。如中央苏区的于都县在土地革命前粮食亩产平均不足200斤，1933年上升到300—400斤；会昌县的粮食产量1932年至1933年连续两年递增20%；兴国县早稻产量1934年比1933年增产10%。湘赣苏区1933年粮食超产两成以上，鄂豫皖苏区1931年粮食获得丰收，其他各个苏区的农业生产都得到很大发展[①]。1934年9月23日，陆定一在《斗争》第27期发表的《两个政权、两个收成》中指出，中央根据地在农、林、水利建设方面取得了很好的成绩，主要表现在：农业方面，开垦荒地八万三千担；水利方面，福建仅长汀、宁化、汀东三县，就修好陂圳二千三百六十六条，粤赣省的会昌、登贤两个县，修好陂圳一百零五条；植树方面，瑞金在春耕运动中共植树六万多株，福建省植树二万三千多株[②]。随着农业生态环境的改善，农业生产得到了发展。这对于中华苏维埃各个根据地的巩固及改善根据地人民生活，起到积极作用。

1.2 抗日战争时期党的生态环境政策与实践

抗日战争时期，各敌后革命根据地的经济条件和生产力发展并没有发生根本性的变化。同时，由于日本侵略军的野蛮进攻和国民党顽固派的包围封锁，根据地的经济状况曾陷入严重困境。正如毛泽东当时所说：国民党用停发经费和经济封锁来对付我们，企图把我们困死，我们的困难真是大极了。因此，在抗日革命根据地各项经济建设事业中，农业生产始终是最重要的和最主要的。因而此时的经济建设方针仍然必须以农业生产为第一位。

延安是中共中央所在地，且为陕甘宁边区政府首府，因而，陕甘宁边区

---

① 王君：《中华苏维埃共和国在瑞金》，中国井冈山干部学院备选教材，2007年版，第40-41页。
② 赵增延、赵刚：《中国革命根据地经济大事记（1927—1937）》，中国社会科学出版社1988年版，第112页。

政府的农业政策和相关生态环境政策及实践，具有典型性和示范性。1940 年
2 月 1 日，中共中央书记处作出的关于财经工作的指示中，再次明确指出了
"农业是财政经济的最主要部门"。围绕"农业生产为第一位"的方针，党在
陕甘宁边区实行多项生态环境政策，以促进农业发展。在陕甘宁边区影响下，
其余边区的施政纲领中，也将发展农业生产放在突出的地位，进行一系列农
业生态环境建设。例如，晋察冀抗日根据地在《中共晋察冀边区目前施政纲
领》（1940 年 8 月 30 日公布）中，就发展农业生产制定了几条纲领，其中包
括：发展农业，积极垦荒，防止新荒，扩大耕地面积等，有计划地开井、开渠、
修堤、改良土壤。同时，还设立专门机关，切实救灾治水。

　　1. 实行民众开荒和军队屯田政策

　　以陕甘宁边区为代表的各抗日革命根据地，从客观的农业自然条件出发，
坚决贯彻中央规定的"以农业为第一位"的方针，采取了一系列行之有效的
措施，实行鼓励民众开荒和军队屯垦的政策，扩大粮食种植面积，以积蓄起
最后打败日本侵略者的经济力量。在实行民众开荒和军队屯田的成功实践中，
陕甘宁边区最具有典型性。

　　（1）开荒和屯田的自然条件

　　第一，陕甘宁边区的地形和耕地面积。边区的地形很复杂，主要包括"平
地"、"山地"和"川地"。所谓的"平地"，望去是一目平坦，但却为无数深
沟所割切。边区大部分地形为圆形黄土高阜所构成的"山地"，是由黄土高原
积年冲蚀而成。在诸山之间有河流冲积的平地，即所谓的"川地"，但陕甘宁
边区没有真正的冲积平原。陕甘宁边区的土地面积是 92710 平方千米，而到
1940 年陕甘宁边区耕地面积只有 11742082 亩。边区境内的河流，除黄河之外，
还有几条其他河流。[①] 第二，陕甘宁边区的气候。陕甘宁边区地处西北高原，
大陆性气候，春季多风，夏季多冰雹，秋季霜降早，对于农业的发展和作物
的生长非常不利，造成了农业生产上的极大困难，因此也带来了各种自然灾

———————————

[①]　陕甘宁边区财政经济史编写组：《抗日战争时期陕甘宁边区财政经济史料摘编（第二编·农
业）》，陕西人民出版社 1981 年版，第 10 页。

害，如旱、涝、雹、冻等。雨量也不均，加以森林缺乏，在河水暴涨季节，沿河川地带常遭淹没。此外，边区的土壤主要是风积黄土，土质很松散，并且黄土缺乏有机物，农田大都贫瘠而干旱。所以本地农民历来多采用开荒丢荒的办法耕种山地。陕甘宁边区政府从边区的这些自然环境的客观实际出发，采取民众开荒和军队屯垦等农业环境政策，结合改进农业技术，有效促进了农业发展。

（2）民众开荒运动的政策及实践

1937年9月6日，中国共产党将陕北苏维埃革命根据地改称陕甘宁边区政府。当时，国共关系比较好，中国共产党领导的军队和边区政府由国民党拨给一部分军饷和经费。1938年10月武汉失守，抗战进入相持阶段，国民党及其政府的反共活动日益表面化。至1940年，国民党提供的有限外援全部断绝。"当时，边区只有一百五十万人口，又是土瘠地薄的高原山区。在国民党顽固派的封锁下，要担负数万名干部、战士以及全国不断奔赴革命圣地青年学生吃穿住用，实在成了一个大问题。"这种情况下，边区政府只好向人民要，结果加重了人民的负担。这些促使中共中央、毛泽东和边区政府下决心解决边区一百五十万群众的"救民私粮"问题。1939年1月，毛泽东在陕甘宁边区第一届参议会上，发出"自力更生，发展生产"的号召。接着，他又提出通过生产运动来解决和改善边区军队和人民的穿衣吃饭问题，以便"保障长期抗战军队的供给，更进一步改善人民的生活"[1]。因此，"在经济建设上必须用全力贯彻农业第一的方针，依靠发展农业生产"。但是，陕甘宁边区从事农业劳动的主要是人力，使用的工具也主要是镢头和犁，农业劳动生产力很低。当时，"边区的土地面积是92710平方公里。其中，可耕之地约4000万亩。但因为人口稀少，荒地甚多，大约西北区荒地占五分之三，东区荒地

---

[1] 陕甘宁边区财政经济史编写组：《抗日战争时期陕甘宁边区财政经济史料摘编（第一编·总议）》，陕西人民出版社1981年版，第134页。

占三分之一，甚至有的地方占五分之四以上"①。因此，边区增产农作物产量的主要措施就是开荒，增加种植面积。关于开荒工作，1938年1月《陕甘宁边区建设厅训令》就强调，"大量开荒，扩大耕地面积"是"增加粮食产量最重要的办法"。但开垦荒地的最大困难是边区劳动力不够和劳动力不平均。当时，在陕甘宁边区内，有的地方有地无人种，有的地方有人缺地种。譬如："绥德分区五县只有耕地面积一百二十万九千七百零二垧，但人口只有五十一万二千零七十一人，每人平均有地两垧多。而边区内其他地方还有大量无人耕种的荒地，仅据1944年的统计：延安县有荒地三十万亩，甘泉县有三十五万亩，鄜县有八十万亩，志丹有五十万亩，安塞有十万亩。开垦这几个县的荒地就需要十五万个劳动力。"②开垦荒地需要的劳动力数量更为庞大，这就要求把边区广大农民群众动员起来。动员农民群众开荒，不仅关系到边区一百五十万民众的吃饭穿衣问题，也关系到十万军队和党政机关工作人员的吃饭穿衣的大问题。

关于确定开荒的民众群体：毛泽东在《经济问题与财政问题》中就"延安一九四二年八万亩的开荒计划是怎样完成的"问题谈到：主要依靠移来难民的劳动力开荒、依靠老户的劳动力开荒以及组织妇女和"二流子"参加生产等。这些人正是边区政府动员民众开荒的主要对象。

①移民和难民开荒

移民和难民是指陕甘宁边区的内部移民和外来难民，为边区的开荒运动提供了重要劳动力。其中外来难民，一部分是边区邻近省因战乱流入者；还有一部分是因天灾、人祸或剥削压榨而无法生活，从后方逃来的人。边区内部的移民，则是由边区内部人口稠密、土地缺少的地区迁往地广人稀的地区。对于外来难民，1938年《建设厅关于春耕动员工作的讨论提纲》指出："各

---

① 陕甘宁边区财政经济史编写组：《抗日战争时期陕甘宁边区财政经济史料摘编（第二编·农业）》，陕西人民出版社1981年版，第8页。

② 陕甘宁边区财政经济史编写组：《抗日战争时期陕甘宁边区财政经济史料摘编（第二编·农业）》，陕西人民出版社1981年版，第634页。

级政府尽量的收容难民帮助开荒。"但是，在 1940 年以前，边区政府对于外来的移民给予适当的安置，是为了不至于使他们陷入饥饿和死亡，或成为盗匪。从 1940 年起，边区政府对移民、难民工作开始有了一定的重视，特别是 1942 年中共中央西北局高级干部会议以后，移民、难民工作就从自流状态进入全边区有计划、有组织的阶段。到了 1943 年，因为党、边区政府特别号召安置移民难民，同时对于移民、难民的帮助也更有计划，移民、难民的发展比过去更快了。但在当时，还存在很多的困难制约着移民、难民开垦荒地：一方面，由于道路的遥远和反动派对边区的封锁等，外边穷苦的人民虽然愿意逃到边区来，但往往受到反动派武装阻止。另一方面，边区内部的群众，由于保守观念和守旧意识，也有人不愿移居垦荒区。那么如何最广泛地动员这些移民、难民加入陕甘宁边区的开荒队伍呢？优待移民、难民，是边区动员移民、难民开荒的主要政策之一。1940 年 3 月 1 日，边区政府为了动员移民、难民开荒，作出了《优待外来难民和贫民之决定》，以保护移民、难民的权利。1941 年两次发出布告，提出十条优待难民办法。1942 年春又颁布优待条例。为了调动移民、难民开荒的积极性，边区政府还特地划定延安、甘泉、郿县、志丹、靖边、华池、曲子等 7 个县为移民开垦区，规定：对到上述 7 个县从事开荒生产的移民、难民给予奖励。1943 年 3 月 19 日，边区政府正式颁布了《陕甘宁边区优待移民难民垦荒条例》，明确了移民的范围："边区外之人民，因在原地生活困难，或因天灾影响及其他原因无法生活，而自愿移入边区居住者"；"沦陷区的人民，因不堪敌人压迫，而逃入边区者"；"边区内地少人多区域之人民，因缺乏土地而自愿移入垦区，或经政府动员移入垦区从事开荒者"，均可享受优待。条例还规定，移民、难民除享有民主自由权利外，还享有"人权财权之保障"[①]。这就把移民、难民的优待和权益，以更完整的法规形式保护起来。由于移民、难民绝大多数是雇农、贫农、揽工等，他们来时大多数什么也没有。于是，边区政府就通过公家帮助与发动群众调剂的办法解决群众开荒困难。1938 年，陕甘宁边区在《建设厅关于春耕

---

① 宋金寿：《抗战时期的陕甘宁边区》，北京出版社 1995 年版，第 408—410 页。

动员工作的讨论提纲》中指出，各级政府要"解决难民在开荒运动中一切困难问题"。1942 年 2 月 6 日，边区政府颁布的《优待移民实施办法》规定：政府"须帮助取得荒地和必要的熟地及住的窑洞"。为了发动地少人多地区的农民到地多人少的地区开荒，边区政府还发给移民路费。"据不完全统计，仅在一九四三年，全边区（陇东，只华池一个县的统计）给移难民赒济（借与救济）粮食三千九百七十七石四斗；赒济熟地二万八千九百二十二垧；赒济窑洞四千六百八十二孔；赒济籽种六十八石（只有四县的统计）；发放农贷洋三百零五万七千八百二十五元，锄头六百三十四把。"[1] 在政府的影响下，边区广大群众对移民、难民生活生产表现出很大革命热情。"如新宁县的群众，因为移民难民初来没有生产基础，他们在春耕生产中组织了五百八十一个劳动力，在五天中，帮助移民难民开荒一千四百八十亩，并播种了三百一十亩。同宜耀的群众则费了二千多个牛工，九百多个人工，帮助移民难民开种地一千九百多亩。新郑县一区则用一百七十七个牛工，帮助移民民种地三百二十一亩，开荒一百一十七亩。对移民难民的这些帮工，大部分是无报酬的友谊互助。"[2] 这样，移民、难民刚来就安置在有荒地的地区，充实垦荒耕种力量。"据统计，1941 年边区移民为 7855 户，共计 20740 人；1942 年边区移民 5056 户，共计 12431 人；1943 年 8570 户，共计 30447 人。"[3] 显然，大量移民、难民的到来，为边区的开荒运动提供了丰富的劳动力。

②边区的老户开荒

老户农民的开荒生产能力相对较强。为了动员老户开荒，边区政府做了大量工作。抗战初期，边区政府为了减轻农民的负担，采取"休养民力"的政策。经过革命，边区取消了 42 种苛捐杂税。这在相当程度上减轻了老户

025

---

① 陕甘宁边区财政经济史编写组：《抗日战争时期陕甘宁边区财政经济史料摘编（第二编·农业）》，陕西人民出版社 1981 年版，第 641 页。

② 陕甘宁边区财政经济史编写组：《抗日战争时期陕甘宁边区财政经济史料摘编（第二编·农业）》，陕西人民出版社 1981 年版，第 642 页。

③ 陕甘宁边区财政经济史编写组：《抗日战争时期陕甘宁边区财政经济史料摘编（第二编·农业）》，陕西人民出版社 1981 年版，第 645 页。

农民的负担，调动了他们开荒生产的积极性。1937 年至 1939 年，边区政府除了向农民征收公粮以外，农民没有其他负担。征收公粮的数量也很少。"据统计，1937 年 7 月至 1938 年 10 月，新正县的善兴区、怀兴区、太和区、底庙区和交林区的各种负担分别为革命前负担的 48.4%、33.1%、45%、33.7% 和 44.1%，最高的不到 50%，最低的只有 1/3。"① 由于负担的减轻和边区政府的扶持，老户农民生产能力慢慢地得到恢复。这表现在耕地面积的逐步扩大和收获量的增加上。如"耕地面积由 1936 年的 843.1 万亩增加到 1937 年、1938 年和 1939 年的 862.6 万亩、899.4 万亩和 1007.6 万亩；粮食产量从 1937 年到 1939 年为 1116381 石、1211192 石和 1754285 石。1939 年粮食产量比 1937 年产量增长了 57.1%。"② 这是一个了不起的增长速度。事实证明，边区政府采取的"休养民力"政策是正确的，对增强边区老户开荒能力是卓有成效的。为了激发边区老户开荒的积极性，边区政府还巩固"耕者有其田"的土地关系，保障了广大老户农民的既得利益。不仅如此，边区政府规定老户享有与移民、难民一样的优待政策：开荒可以 3 年不交公粮、不交租，而且可以取得土地的所有权等。为了鼓励大家开荒，政府除规定公荒谁开归谁所有外，私荒如地主不开，老户也可自由开垦。这样，边区以前那种"民逃田荒"的现象不但没有出现，而且耕地面积逐年扩大。"1942 年，延安县老户的劳动力有 10616 个，依靠老户的劳动力、畜力开荒达到 29399 亩。"③ 边区老户农民，虽然有比较充足的劳动力，但缺少工具。尤其是缺少耕牛，一头牛的劳动力等于两个人的劳动力。这限制了边区老户劳动力的发挥，对扩大耕地面积和提高产量也造成很多困难。为此，边区政府把耕牛和农具的农业贷款放在第一位。例如，"1942 年，延安柳林区五个乡的 138

---

① 宋金寿：《抗战时期的陕甘宁边区》，北京出版社 1995 年版，第 505 页。
② 宋金寿：《抗战时期的陕甘宁边区》，北京出版社 1995 年版，第 506 页。
③ 陕甘宁边区财政经济史编写组：《抗日战争时期陕甘宁边区财政经济史料摘编（第二编·农业）》，陕西人民出版社 1981 年版，第 581 页。

户贫苦农户，获得农贷 490950 元，买耕牛 131 头，增加耕地 936 垧"[1]。农贷的发放，有效地解决了老户的耕牛、农具缺乏的困难，受到老户农民的热烈欢迎，极大地调动了他们生产积极性。"1943 年，陇东地区民众公开春荒十五万八千八百四十一亩，其中老户开荒十五万二千零十九亩，占民众全部开荒的 95.7%。"[2]

③"二流子"和妇女开荒

边区的群众称那些烟鬼、小偷等不劳而获、游手好闲等行为者为"二流子"。据调查：1937 年前，延安市人口不足 3000 人，而"二流子"就将近 500 人，占人口数的 16%；延安县人口为 3 万人左右，"二流子"1629 人，占人口数的 5%；如果按延安县的"二流子"的比例推算，全边区"二流子约有 7 万人[3]。可见，若将"二流子"动员起来，他们会是一支重要的开荒队伍。最早对"二流子"进行动员的是延安县和华池。"1937 年，它们采取各种措施动员了 299 名'二流子'参加生产，第二年又使 578 名'二流子'变成劳动者。"[4] 从此时起，边区的党和政府十分重视动员"二流子"参加生产的工作。1942 年的中共中央西北局高级干部会议是动员"二流子"工作的转折点。为了尽快地动员"二流子"，边区政府采取了许多行之有效的措施。对"二流子"的动员由干部分工负责，尤其是区乡干部，采取分片包干的办法。同时调动社会各方面的力量，实行全社会的教育监督，如经济部门给"二流子"下达生产任务；政治部门负责日常的说服教育；文化教育部门施以科学文化、医药卫生、劳动观点生产知识的教育文艺部门编排改造"二流子"的剧目，促进其改造。政府还给"二流子"解决生产方面的一些实际困难。还有依靠群众力量改造"二流子"的成功经验，就是农村有威望人士和劳动英雄们对二

---

① 陕甘宁边区财政经济史编写组：《抗日战争时期陕甘宁边区财政经济史料摘编（第二编·农业）》，陕西人民出版社 1981 年版，第 82 页。

② 陕甘宁边区财政经济史编写组：《抗日战争时期陕甘宁边区财政经济史料摘编（第二编·农业）》，陕西人民出版社 1981 年版，第 575 页。

③ 宋金寿：《抗战时期的陕甘宁边区》，北京出版社 1995 年版，第 510 页。

④ 宋金寿：《抗战时期的陕甘宁边区》，北京出版社 1995 年版，第 510 页。

流子进行劝导帮助。如像劳模申长林就帮助2个"二流子"转变了，劳动模范杨朝臣帮助6个"二流子"转变了。经过政府和群众的共同努力，"二流子"对于边区开荒运动起到了很大作用。如1943年，陇东分区的七百三十二个"二流子"开了二千九百九十亩荒地，平均每人开荒四亩八分；甘泉区一百三十二个的"二流子"开荒六百零五亩，平均每人开荒四亩六分；延安金盆区二十二个"二流子"开荒二百七十五亩，平均十亩多。全边区已动员起来的"二流子"生产数字虽无总的统计，但估计至少每人生产一石五斗细粮，供给万把人食用是不成问题的①。

此外，边区妇女也被动员起来，参加开荒劳动。时任陕甘宁边区生产运动委员会副主任的李富春指出，"特别要组织妇女参加生产"；"过去边区妇女参加生产的还不多，甚至有的地方认为妇女参加生产是很羞耻的事情"；"要进行很大的说服工作"，尤其是妇女干部要起到"模范作用"。② 为此，边区政府不仅要求妇联要真正了解妇女的需要，组织广大的妇女群众参加生产，还对动员工作作出了具体规定。如，尽量减少对农村妇女不必要的动员，减少开会，爱惜她们的人力物力，使她们有更大力量从事生产。这样，妇女参加开荒的人数一年比一年多，热情也特别高。如，川口区三乡难民妇女没有镢头，就跑到山里等别人累了休息的时候，拿了镢头开荒，人家休息过了把镢头还回又等着。从统计的材料看，妇女们大部分时间要花在开荒、背庄稼等农活中，一定时间内，她们是上山的主要劳动力。在边区政府的动员下，妇女成为边区民众开荒运动的一支重要力量。

此间，其他抗日根据地也进行了较为广泛的垦荒运动。如，1938年2月21日晋察冀边区委员会颁布《垦荒单行条例》，规定凡连续两年未耕种之公私土地，一律以荒地论，允许人民无租垦种，土地所有权归承垦农民。晋察冀边

---

① 陕甘宁边区财政经济史编写组：《抗日战争时期陕甘宁边区财政经济史料摘编（第二编·农业）》，陕西人民出版社1981年版，第690—691页。
② 赵烽：《延安县柳林区二乡的妇女生产》，解放日报，1943-03-08。

区人民在八年抗战中，开垦生熟荒、修滩、改良碱地等共在 200 万亩以上[1]。

（3）军队屯垦政策及实践

军队屯垦最早起源于留守部队的生产运动。陕甘宁边区八路军留守部队的生产运动，从 1938 年秋就开始了。但那时还只是为了改良战士生活，还没有负担起生产自给的任务。1939 年，中共中央和毛泽东发出了"自己动手，生产自给"的号召，于是陕甘宁边区的军队也积极从事以农业为中心、以集体劳动为主的生产运动，并取得了很大成绩。1940 年 2 月，《中共中央、中央军委关于开展生产运动的指示》要求各级军政负责人，要努力领导该年"部队中的生产运动。开辟财源克服困难"。这一运动应"在前线部队中广泛开展起来"[2]。中国共产党军队屯田的思想正式提出，是在 1940 年冬天。1940 年底，毛泽东、朱德命令王震旅长率领三五九旅开赴南泥湾地区，屯田开荒，发展生产。南泥湾地区由三条河川构成，虽然离延安不远，但那里荒无人烟，杂草丛生，野兽成群出没，是一片荒芜的土地。三五九旅在王震的率领下，在"一把镢头、一支枪，生产自卫保中央"的口号下，掀起了轰轰烈烈的大生产运动热潮，并为其他边区树立起屯田垦荒的一面旗帜。1943 年 9 月，毛泽东、朱德、任弼时等亲临南泥湾视察三五九旅屯田情况，高度赞扬了指战员自力更生、艰苦创业的精神。毛泽东在讲话中指出："困难并不是不可征服的怪物，大家动手征服它，它就低了头，大家自力更生，吃的、穿的、用的都有了，目前我们没有外援，假定将来有了外援，也还是要以自力更生为主。"[3] 由于陕甘宁边区是中共中央、中央军委的所在地，其军队屯垦运动，对敌后各抗日根据地起了示范作用。后来，其他抗日根据地，如晋绥、北岳、胶东、太行、太岳、皖中等，军队屯田参加生产运动的成绩也很显著。其中晋绥边区 1944 年和 1945 年两年共生产粮食 7.51 万石[4]；晋冀鲁豫每人种地 3 亩，自给一季

---

[1] 史敬棠等：《中国农业合作化运动史料（上卷）》，三联书店 1957 年版，第 350 页。

[2] 中央档案馆：《中共中央文件选集（第 11 册）》，中共中央党校出版社 1991 年版，第 299 页。

[3] 《工人日报》，1965 年 8 月 20 日。

[4] 穆欣：《晋绥解放区鸟瞰》，山西人民出版社 1984 年版，第 101 页。

粮食。① 上述几个根据地通过屯垦等，扩大耕地面积 60,000 亩以上②，达到了部分粮食、蔬菜的自给，为巩固和发展抗日根据地，夺取抗日战争的最后胜利创造了条件，奠定了物质基础。

2. 开展植树造林，调节农业生产的自然环境

陕甘宁边区植树造林取得了较大成绩，并影响到其他各抗日革命根据地。植树造林对于调节抗日革命根据地的气候，促进农业生产发展意义重大。因为森林内的温度要比森林外的温度低，湿度大，如有干燥的热空气通过森林地带，热空气的温度就会降低，湿度就会增加，待空气中的水蒸气达到饱和点就会降雨。陕甘宁边区时期的森林多分布在边区的南面，因此南面的湿气高。有森林地带时常有降雨，但越过森林的地区雨水就更少了。森林还有防旱功效。如黄龙山的耕地就很少能遇到旱灾，雨水经常是充足的。陕甘宁边区原本森林较多，但经过几年乱砍滥伐，森林遭到了破坏，尤其是抗日战争时期，面积大为缩小。1945 年森林面积已不到全区面积的十分之一。此少数可贵的森林，对于十分之九的无林覆盖的裸露地带气候调剂是远远不足的，因此形成的雨量也逐渐减少。地面缺少树木覆盖，蒸发量逐渐增多，也是造成陕甘宁边区旱灾的重要原因之一。如何保持森林的发展，关乎抗日根据地经济建设。为此，陕甘宁边区政府须确定森林政策的方向，通过使用正确的农林技术，并紧紧围绕中央财政经济政策原则开展植树造林工作。这样才能超出旧有林业政策范畴，为农业生产服务。

陕甘宁边区政府也一直重视植树造林工作和森林对气候的调节作用。1938 年 2 月，陕甘宁边区政府建设厅在《关于发动党政军民工作人员植树造林的请示报告》中说："为了补救边区将来的困难与恐慌，及根本改变西北大陆性气候"，"除了对于各地原有山林树木予以严密的保护及有计划的砍伐，并积极广泛的发动群众造林运动外"，党政军机关工作人员也要组织大规模的

---

① 沙健孙：《中国共产党通史（第四卷）》，湖南教育出版社 1999 年版，第 304 页。

② 顾龙生：《中国共产党经济思想史》，山西经济出版社 1999 年版，第 135 页。

植树造林运动。① 此外，陕甘宁边区还专门组织了由相关人员组成的"陕甘宁边区森林考察团"对边区森林情况进行实地考察分析。考察团经过认真系统地调查之后，向边区政府提交了一份《陕甘宁边区森林考察团报告书》（以下简称《报告书》），提出了应采取的森林政策。《报告书》提出，森林政策应当有两个目的："一是以森林的作用争取其后的好转，以改善和培养各种生产同生活的最基本条件，巩固财政经济政策。二是开发可能的目前需要的原料同财富，充实我们的财政经济政策。"② 也就是说，《报告书》强调边区的森林政策，既要通过发展森林，改善生产生活的生态环境，也要为边区经济发展提供必要的原料。《报告书》还提出了"森林政策的实施方案提纲"和"林务计划的提出（纲要）"。在"森林政策的实施方案提纲"中，有大规模的森林生产、严厉执行森林政府颁布的森林保护条例、有计划地开发及更新原生森林等内容。对于考察团提交的报告，党中央和边区政府高度重视。李富春同志在阅读《报告书》后感言：《报告书》"已成为凡注意边区建设事业的人们不可不依赖的材料，边区林务局的建立统筹等林务工作是迫不及待的工作"。③

此外，于1940年前后，陕甘宁边区政府颁布了《森林保护修正案》；1941年又颁布了《陕甘宁边区植树造林条例》。同年，陕甘宁边区政府建设厅发出《关于林业工作的通令》指出："边区的森林面积虽属不小，但因分布不均，对于农业气候的改善，经济建设的需要，就不能得到森林应有的借助，因此，一九四一年各县林务工作有即刻发动的必要。"④ 陕甘宁边区政府的植树造林政策及实践，影响到其他的抗日根据地。如，1943年3月18日，山东省战工会颁布了《山东保护林木暂行办法》，规定公有林不经主管机关的批准，任何军

031

---

① 陕甘宁边区财政经济史编写组：《抗日战争时期陕甘宁边区财政经济史料摘编（第二编·农业）》，陕西人民出版社1981年版，第147页。

② 陕甘宁边区财政经济史编写组：《抗日战争时期陕甘宁边区财政经济史料摘编（第二编·农业）》，陕西人民出版社1981年版，第135页。

③ 陕甘宁边区财政经济史编写组：《抗日战争时期陕甘宁边区财政经济史料摘编（第二编·农业）》，陕西人民出版社1981年版，第147页。

④ 陕甘宁边区财政经济史编写组：《抗日战争时期陕甘宁边区财政经济史料摘编（第二编·农业）》，陕西人民出版社1981年版，第150页。

政民机关团体不得采伐，封山村林必须采伐时，须经区公所以上机关批准；对违反者，按其采伐之价值处两倍以上罚款。1944 年 6 月 22 日，豫鄂边临时参议会第一次会议开幕，大会也作出了包括培植与保护森林等多项决定。

在上述这一系列政策的引导和规范下，陕甘宁边区和其他抗日根据地的植树造林运动，取得比较好的成绩。如：志丹县"植树造林，在一九三八年开始植树约计一三，八一四株，三九年植树五一，七一四株，今年动员林造大小四十一处，计划四〇，二四三株。此外群众私人植树四九，三三六株，成活较他年为多。种植果树，群众也很热心。对于森林之保护，各区乡已有了开始注意"。1939 年 1 月的环县"全年共计划植树十八万六千株，完成二十二万六千二百零四株。政府对此项工作加强了组织，管树委员会起了作用"。1939 年陕甘宁边区"今年植树皆插柳条，计 1392116 株，比原计划超出 239116 株，百分比则为 120.08%。在成活上，有一半左右"。1941 年 3 月 5 日陕甘宁边区政府《全年农业生产工作报告》："植树造林——原计划造大小林三八七处，共植树四六八，〇〇〇株，根据各县年终统计已造大小林五〇九处，共植树五一四，八八七株，由于春夏亢旱，秋季山洪冲刷，成活数仅半数（被山洪冲去之已经成活树木，因无统计故未除去）。"1941 年 4 月的《陕甘宁边区政府工作报告》中再次指出："每年的植树运动，单去年就造了大小公林五百廿四处，植活的树有廿三万株。同时原有森林的滥伐也渐渐地减少了。"

3. 开展兴修水利和春耕运动

为了增加农业生产，陕甘宁边区等抗日根据地紧密结合气候条件和地理条件，开展了广泛的群众性春耕和兴修水利运动。

1938 年 1 月，陕甘宁边区政府发出关于春耕生产的训令，提出了春耕生产的任务，主要为扩大耕地面积，增加粮食产量，大力发展农副业。为此，陕甘宁边区政府于 1939 年 4 月公布《陕甘宁边区人民生产奖励条例》及《督导民众生产奖励条例》；晋察冀边区委员会公布《奖励生产事业暂行条例》，鼓励人民积极生产，促进资金投入生产。1940 年 2 月，晋察冀边区开始进行春耕工作。春耕中，全边区开荒 210933 亩，修滩地 192962 亩，开渠 2016 道，凿井 3593 眼，可浇地 172531 亩，植树 16255626 株。春耕中进行了优抗工作，177228 人参加了代耕团，代耕土地 113240 亩 ①。1940 年 2 月 25 日，晋西北行署公布春耕计划，规定本年的主要任务是不荒一亩地，要求各级政府以农救会建立春耕委员会，领导春耕。春耕中各地组织了 56000 多人参加的代耕队，共 3228 个。②行署主任和各机关团体工作人员参加了春耕运动。1941 年 3 月 24 日，晋西北行署颁布春耕条例，宣布开禁农业特产，准许自由种植，保护和奖励种棉种兰。这年，农业生产开始发展，耕地总面积比上年增加 2.8%，产棉比上年增加 10 倍以上，牲畜平均增加 8.4%。1943 年 1 月 7 日，晋察冀边区委会与北岳区农会联合召开春耕会议，边区农会负责人杨耕田作了春耕报告、大会报告和大会总结。为了加强对春耕工作的领导，会议决定将各级救灾委员会一律改为春耕委员会，边区于 1 月 10 日成立春耕联席会，由张苏、杨耕田任副主任，负责领导各地救灾与春耕工作。

4. 发动群众进行水利建设

"水利是农业的命脉。"③抗日根据地的水利建设，一定程度上改善了农业生产的自然条件，促进了农业发展。1943 年 3 月，晋西北根据地开始春耕工作。春耕中开荒 10 万余亩，种棉 7 万余亩，兴修水利也形成热潮。1945 年 1 月 30 日，西北局调查研究室提供的《边区经济情况简述》在总结水利建设的实践时讲道："改良耕地办法，一是灌溉，如以四〇年的灌溉为 100，四一年增为 109，四二年为 117，四三年增为 174.5。其中，三边分区用打坝法，把雨天冲下的泥水漫到地上，变成肥沃的水漫地，每亩可增收细粮二斗（三十斤斗）。现已修成五万亩，还可扩大。关中分区，用这种办法，把坡地原地修成所谓'埝地'九千亩，每亩年可增收细粮一斗五升。此外，各地采用修地畔、溜涯、打水窖、多锄、多耕、施肥等办法，使地力得以保持和改进。全边区

---

① 中国社会科学院经济研究所现代经济史组：《中国革命根据地经济大事记（1937—1949）》，中国社会科学出版社 1986 年版，第 11 页。

② 中国社会科学院经济研究所现代经济史组：《中国革命根据地经济大事记（1937—1949）》，中国社会科学出版社 1986 年版，第 11 页。

③《毛泽东选集（第一卷）》，人民出版社 1991 年版，第 132 页。

已耕地面积如以一九三九年为 100，四〇年增为 106.7，四一年 111.1，四二年 113.5，四三年 125.2，四四年增为 138.2。"[①] 抗日根据地兴修水利的成绩，《解放日报》在 1944 年 10 月 3 日的社论中指出："今年以来，华北华中解放区已完成水利建设，最低估计在 200 万亩以上。"另据统计，晋察冀边区，经过八年的水利建设，新成水田和受益田达 213 万余亩，仅此一项估计每年增产粮食百万石以上[②]。

1.3　解放战争时期党的生态环境政策与实践

解放战争时期，党将革命战争放在首要地位，但党始终认识到经济工作在支持革命战争和巩固革命根据地（即解放区）方面的重要意义，将其置于仅次于革命战争的重要位置。1945 年 8 月 13 日，毛泽东在延安干部会议上发表《抗日战争胜利后的时局和我们的方针》的演讲，深刻分析了抗日战争胜利后中国的政治形势，科学预测了时局发展的方向。针对蒋介石坚持独裁和内战的反动方针，毛泽东和党中央提出党关于和平和战争的方针策略，强调自力更生，明确指出，我们一方面尽力争取和平民主，限制或推迟内战爆发，另一方面必须对蒋介石发动内战的阴谋有充分认识，不抱幻想，准备以正义的革命战争，打败反动派，建立新中国。11 月 7 日，中共中央发布由毛泽东起草的关于减租和生产的指示。指示中指出：我党当前任务，是动员一切力量，站在自卫立场上，粉碎国民党的进攻，保卫解放区，争取和平局面的出现。为此，解放区要发展大规模生产运动，增产粮食，改善人民的生活，救济饥民难民，供给部队需要。12 月 25 日，毛泽东在为中共中央起草的《一九四六年解放区工作的方针》中指出：按照十一月七日指示，各地立即准备一切，务使一九四六年我全解放区的公私生产超过以前任何一年的规模和成绩"[③]；"为着应付最近时期的紧张工作而增重了的财政负担"，必须坚持"发展生产，

---

① 西北局调查研究室：《边区经济情况简述》，1945 年 1 月 30 日。
② 史敬棠等：《中国农业合作化运动史料（上卷）》，三联书店 1957 年版，第 357 页。
③ 《毛泽东选集（第四卷）》，人民出版社 1991 年版，第 1175–1176 页。

保障供给"，"生产和节约并重"等原则，解决财经问题①。在党中央关于解放区农业经济恢复和发展方针的指导下，各个解放区采取各种措施改善农业生态环境，进行了一系列生态环境建设活动。

1. 开垦各类荒地，扩大耕地面积

由于长期战争的破坏和农村劳动力的极端缺乏，解放区大量农业用地被抛荒。引导解放区农民群众开垦各类荒地，充分利用农业自然资源，是增加农业生产的重要途径。1946年1月，各解放区大力贯彻中共中央发出的《一九四六年解放区工作的方针》：1月1日，晋绥边区召开生产会议，确定本年的生产方针是发展各阶层人民生产，老区以精耕细作为主，新区以扩大耕地为主，大力发展棉花。13日，晋冀鲁豫中央局召开生产会议，拟定了农业生产建设十大方针和具体计划。19日，陕甘宁边区召开边区一级生产动员大会。接着，各县分别召开大会，发动大生产运动。24日，晋察冀中央局发出《关于开展一九四六年大生产运动的指示》，规定了本年大生产的方针与任务，要求在原有的基础上，更加普遍深入开展群众性的大生产运动，大力增产粮食、棉花和其他农产品。30日，山东省政府颁发1946年的生产工作指示，指出农业是生产建设的中心环节，是"组织劳动互助和改进生产技术"，并对改进耕作方法、植棉、植树造林等规定了具体的任务和要求。1947年2月28日，东北行政委员会颁布生产令，规定奖励开荒，对开熟荒者，免征公粮1年，对开生荒者，免征公粮3年。2月25日，东北行政委员会又发出《关于开展农村生产运动的指示》，要求各级政府号召群众春耕多种地，防止新荒，多开熟荒；奖励植棉，发展农副业。1947年8月8日，东北行政委员会召开第一次行政会议。会议强调要有长期支持战争与支援全国爱国自卫战争的思想准备，要以经济建设作为解决财政问题的基础，并指出财经建设保证了战争的供给（南满除外），开荒80垧。在党中央和各个根据地政策的引导下，首先开垦因战争而荒弃了的耕地。如东北解放区农民在1948年共耕种1341万公顷土地，其中新开荒面积77.5万公顷，占全部面积的5.8%；共种水田21万

035

---

① 《毛泽东选集（第四卷）》，人民出版社1991年版，第1176页。

公顷，其中新增 90000 公顷，占水田总面积的 42%。陕北老区 1949 年即扩大耕地面积为 1651 万亩，超过 1946 年和平建设时期耕地面积的 10%。晋察冀区冀中 32 个县的农民在 1948 年 6 月以前，共消灭荒地近 15 万亩，占全部荒地的 51.5%。[①]

2. 兴修水利、发展林业

1945 年 12 月，晋察冀边区在大生产运动中获得显著成绩。据报告，该区本年的大生产运动，由 1944 年的部分地区而发展到全区。农业上，晋察冀边区的水利建设贯彻了民办公助的方针，有重点地使用水利贷款，提高了广大群众兴修水利的积极性。当年共增水浇地 393075.9 亩，比去年增长 3 倍。[②]也是在 1945 年 12 月，山东省农林合作会议开幕。会议总结交流了经验，肯定过去农林合作的成绩，指出了今后发展农业的中心环节在于实行互助合作与改进农业技术，而精耕细作尤为重要。会议还指出了各类农场、农业指导所、各类合作社的发展方向以及苗圃建设与森林保护的具体意见。1946 年 8 月 15 日，山东省生产会议（农林合作会议）开幕。会议强调，"要做长期打算，目前生产的目的是不断改善人民生活，支持自卫战争，打下和平建设的基础"。会议最后一天，薛暮桥作了"目前经济政策"的报告，指出现在仍处于战时农村环境，生产建设仍以农业为主。报告还指出：上半年，山东解放区的和平建设，取得了很大成绩。据不完全统计，兴办的示范农场发展到 30 个，农业指导所 15 个，蚕丝指导所 3 个，林场 175 处，苗圃 76 处，植树 1754 万多株；小麦面积比上年增加 633 万余亩，平均亩产提高了 28 斤，总产量比上年增加 84%。水利建设方面：打井 15885 眼，疏河 52 条，共长 1162 里；筑堤 388 道，修渠 225 条，打坝 228 道，建蓄水池 165 个。[③]1948 年 8 月 11 日，中共中央东北局作出《关于统一与加强林业工作的决定》，指出为了有计划地发展林业，

---

① 沙健孙：《中国共产党通史（第五卷）》，湖南教育出版社 2000 年版，第 450 页。

② 中国社会科学院经济研究所现代经济史组：《中国革命根据地经济大事记（1937—1949）》，中国社会科学出版社 1986 年版，第 70 页。

③ 中国社会科学院经济研究所现代经济史组：《中国革命根据地经济大事记（1937—1949）》，中国社会科学出版社 1986 年版，第 84 页。

大力增加木材生产与合理分配使用，决定进一步统一林业的管理与经营，实行国有国营，在东北林务局的统一领导下，有计划地进行生产。这里尤其要提到的是，作为"共和国雏形"的华北人民政府，制定了一系列有关治河防洪、兴修水利等政策，为改善生态环境，促进农业生产发展作出了重要贡献。为了从根本上治理河道，变水患为水利，华北人民政府在 1949 年 1 月召开的华北农林会议上，提出了变旱地为水田 200 万亩的计划。截至当年 8 月，华北人民政府管辖地区已完成 186 万亩，同时打井 6000 多眼，修井 200 多眼，并开办了石津运河灌溉工程。为进一步防治水患，开发水利资源，华北人民政府还邀集水利专家和技术人员组成水利考察团和工程队，桑乾河御河流域、霸王河流域、黄河下游、滦河下游、汾河流域进行深入的勘察。1949 年 2 月 24 日，华北人民政府制定的《一九四九年国民经济计划大纲》指出：华北区为了争取在两三年内把农业生产恢复到抗战以前的生产水平，必须"兴修水利，变旱地为水地二百万亩；继续黄河、滹阳、滹沱等河的治河工程"，"在择险修筑的原则下，争取一九四九年不发生大水患"；此外，"荒山播种造林一万亩，各河沿岸植树二百万株，在有植树条件地区组织群众植树二四〇〇万株，要保证成活百分之七〇以上，培育苗圃二七〇〇亩"[①]。1948 年 12 月 29 日，中共中央发出《关于注意保护新解放区的公共农林产业及试验场的指示》，指出"应使全体干部明白农业实验对于农业发展的重大作用"，对城市近郊农场和苗圃，必须尽力保护其设备，勿使其遭受破坏与散失。

　　各解放区的兴修水利、发展林业等措施，有效地改善了农业生产环境，提高了农业产量。如，据太行区平定、昔阳等 6 个县统计，土改后的两三年中，因修渠、修滩增加水浇地 7800 顷，增产粮食 19 万石[②]。

　　3. 制定战胜自然灾害的政策

　　解放战争时期的各个解放区常遭受多种形式的自然灾害。因此，各解放区在党的领导下，制定了一系列战胜自然灾害的政策措施。1946 年 3 月 15 日，

---

① 　中央档案馆：《共和国雏形——华北人民政府》，西苑出版社 2000 年版，第 333 页。
② 　沙健孙：《中国共产党通史（第五卷）》，湖南教育出版社 2000 年版，第 450 页。

中共中央华中局发出《关于紧急救灾工作的指示》，指出：华中各地，由于去年水、旱、蝗、雹等形式的自然灾害，加上敌军的烧杀抢掠，造成今年普遍严重灾荒。因此，要求各级党委亲自领导群众同灾荒作斗争。1947年4月22日，中共中央晋绥分局、晋绥边区行署、晋绥军区联合发出《关于救荒的紧急指示》，指出：鉴于边区遭受四十年来最严重的旱灾，要求边区人民紧急动员起来，为救荒救死而坚决斗争。也是在1947年，华中、山东解放区发生严重灾荒。究其原因：1946年秋，国民党军队大规模地进攻华中解放区，人民为了全力支援解放军主力北移，耽误了秋收时间，加之敌人的烧杀抢掠，造成1947年严重春荒，夏季歉收，7月，盐阜、淮海地区又发生水灾，秋季再告歉收；在山东，国民党军队向山东解放区重点进攻，大规模的自卫战争在山东中心地区进行，加之自然灾害和大批劳动力支前，解放区生产受到严重影响，造成严重灾荒。1948年2月24日，华中工委颁发《关于厉行节约清理财产组织整顿后勤支援前方的决定》，指出："自卫战争以来，由于华中久处敌后，战斗频繁，支出浩大，加之各地连年灾荒，灾情严重"，造成华中财政严重困难。

这些不同形式的灾害，给解放区的农业生产和人民生活带来巨大困难。各解放区及时制定战胜自然灾害的政策和措施。1948年3月8日，中共中央华东局发出《关于春耕生产和救灾工作的指示》，指出："春耕生产和救灾工作是当前的紧急和中心任务"，并提出"不饿死一个人，不荒掉一亩地"的口号，要求把生产救灾工作变成一个群众运动。此时，由于蒋军抢劫摧残，山东解放区的灾荒十分严重。加之去年雨水成灾，造成灾荒地区范围加大，灾荒之重前所未有，且带有普遍性和连续性。1948年3月10日至4月9日，晋绥边区召开生产会议。会议讨论了战胜灾荒、发展生产等问题，决定继续贯彻农业第一的方针，大力提倡发展农副业。1948年9月20日，华中工委发出《关于秋冬两季农业生产的指示》，指出"生产备荒与支前，为今后工作的中心任务"，要求各级党委利用冬闲开展冬耕、兴修水利等工作，为明年春耕作好一切准备工作。华北人民政府在其成立前后的一年多时间里，正值华北地区遭受到旱、涝、风、雹、虫、疫等多种自然灾害，农作物大幅减产，人民群众生命财产遭到很大的损失。华北各级党政机关都适时组织了抗灾领导机构，并由首长亲自负责，领导群众负责凿井开渠、担水抢种、抗洪抢险、排涝护秋、扑灭害虫、驱除瘟疫。

各解放区制定生态环境政策及其实践，对于改善农业生产环境、抗击自然灾害、促进农业生产发展，起到了重要作用。1946 年 10 月 27 日，新华社报道：今年各解放区均获得丰收。陕甘宁边区超过去年收成，晋冀鲁豫边区获得十年以来没有的大丰收，晋察冀边区平原地区获十足年成，山东解放区各地产量均超过往年，东北解放区各地亦获丰收。1948 年，解放区农业又继续获得好收成。由于各地民主政府采取大力生产救灾、兴修水利等措施，除个别地区因天灾等收成较差外，一般农业收成均较去年为优。华北均达七成，晋绥、陕甘宁均有八成。东北全年总产量为 11870667 吨，比去年增产 20%[①]。1949 年 2 月 26 日，中共中央西北局发出关于今年农业生产的指示，再次指出经过 1948 年的努力，西北解放区战胜了灾荒，基本上完成了生产任务，陕甘宁边区耕地面积和产量均达到 1946 年的 70%，晋绥边区超过 1946 年水平[②]，并根据 1949 年西北解放区绝大部分已处于安定的适宜生产环境，提出今后农业以增产粮食为主，要求各级党组织遵照毛泽东"一切基本解放区当前最基本的任务就是要把生产提高一步"的指示，拿出充分的时间与力量组织和指导生产事业。解放区农业生产的发展，为解放战争的胜利提供了巩固的后方和源源不绝的粮食支援。仅以解放战争的三大战役中人民支援的粮食为例：辽沈战役中，人民支援粮食 7000 万斤；淮海战役中，人民支援粮食 57000 万斤；平津战役中，人民支援粮食 31000 万斤[③]。这足以证明解放区农业生产的发展对解放战争支援之大。

① 中国社会科学院经济研究所现代经济史组：《中国革命根据地经济大事记（1937—1949）》，中国社会科学出版社 1986 年版，第 129 页。

② 中国社会科学院经济研究所现代经济史组：《中国革命根据地经济大事记（1937—1949）》，中国社会科学出版社 1986 年版，第 132 页。

③ 沙健孙：《中国共产党通史（第五卷）》，湖南教育出版社 2000 年版，第 456 页。

1.4 革命根据地生态环境建设的特征与启示

1. 生态建设紧紧围绕革命根据地的生存与发展的紧迫问题

1927 年大革命失败之后，中国共产党走上了建立农村革命根据地、武装夺取政权的道路。革命根据地的红色政权存在与发生的原因之一，就是"地方的农业经济"[①]，农村在经济上可以自给自足，可以不完全依赖城市。但是，中国革命根据地的绝大多数都处于偏远的经济落后地区，自然条件比较恶劣，又长期受到反革命势力的经济封锁。如，井冈山革命根据地创建前后，井冈山农民大多数生活贫困，一旦遇到天灾，连粮食也难以保证。又如陕甘宁边区，属于大陆性气候，不适宜农作物生长；整个边区内，山多地少，严重受到自然条件的制约。解放战争时期的各个根据地也经常遭受各种自然灾害破坏，农业生产受到极大影响。这些既反映了中国革命道路的特点，也决定了革命根据地经济建设的艰巨性和根据地农业生产的重要性。因此，在农村建立革命根据地，必然把农业放在经济建设的第一位。只有首先发展农业生产，才能解决最重要的粮食问题，并为根据地的发展提供物质基础。

如何进行革命根据地农业建设？毛泽东在谈到革命根据地经济建设时，指出：根据地经济政策"首先是根据于革命与战争两个基本的特点，其次才是根据地的其他特点（地广、人稀、贫乏、经济落后等）"[②]。这些是革命根据地农业建设不可忽视的制约因素。也正是基于这些因素，新民主主义革命时期的各个根据地，重视农业生产的基础性地位，并以此为中心开展多种形式的生态建设。

井冈山革命根据地从农业的基础性地位出发，开展了以兴修水利、植树造林为主要内容的生态环境建设，保障和发展了农业生产。因而井冈山革命根据地于 1928 年秋获得了农业大丰收，"宁冈县的粮食比哪一年都好，大增产，为感谢红军，宁冈人民都踊跃交公粮，支援革命"[③]。农业生产的发展有

---

① 《毛泽东选集（第一卷）》，人民出版社 1991 年版，第 49 页。
② 中共中央和文献研究室：《毛泽东书信选集》，人民出版社 1983 年版，第 186–187 页。
③ 余伯流、陈钢：《井冈山革命根据地全史》，江西人民出版社 1998 年版，第 350 页。

效地保证了红军的给养。中央苏区时期，面对敌人经济封锁和红军的给养问题，毛泽东认为必须开展苏区经济建设。他说："只有开展经济战线方面的工作，发展红色区域的经济，才能使革命战争得到相当的物质基础，才能顺利地开展我们军事上的进攻，给敌人'围剿'以有力的打击。"[1]为此，毛泽东进一步指出，"我们的经济建设的中心是发展农业生产"[2]。毛泽东还就农业生产的重要性作出精辟阐述："在目前的条件之下，农业生产是我们经济建设工作的第一位，它不但需要解决最重要的粮食问题，而且需要解决衣服、砂糖、纸张等项日用品的原料即棉、麻、蔗、竹等的供给问题。森林的培养，畜产的增殖，也是农业的重要部分。"[3]为了迅速恢复和发展苏区农业生产，中华苏维埃共和国的各个革命根据地，采取了包括生态建设在内的多项有力措施，如兴修水利、开垦荒地、改良土壤、植树造林等，为发展农业生产创造条件，使军队和政府工作人员的粮食得到有力的保障。

重视与发展农业生产，也是中国共产党在抗日战争时期财政经济方面的一项基本政策。发展抗日根据地农业的主要任务是增产粮食和棉花。这关系到根据地广大民众和军队及机关工作人员吃饭穿衣的问题。为此，中共中央西北局于1941年12月25日作出《关于1942年度边区财政经济建设的决定》，提出"必须用全力贯彻农业第一"的方针。实际上，早在1939年2月2日，中共中央在延安召开生产动员大会上，李富春在代表中央作的《加紧生产，坚持抗战》报告中，就号召边区军民以生产运动克服财政经济困难，并指出发展农业是生产运动的中心环节。毛泽东也在会上发表重要讲话，提出"饿死呢？解散呢？还是自己动手呢？饿死是没一个人赞成的，解散也是没有一个人赞成的，还是自己动手吧！"这次大会后，边区军民开始大规模的生产运动，成为粉碎敌伪和国民党顽固派经济封锁的基本方法。对此，担任陕甘宁边区政府主席兼任中央财政经济部部长、中央财政经济委员会主席的林伯

---

[1] 《毛泽东选集（第一卷）》，人民出版社1991年版，第120页。
[2] 《毛泽东选集（第一卷）》，人民出版社1991年版，第130页。
[3] 《毛泽东选集（第一卷）》，人民出版社1991年版，第131页。

渠曾指出：我们的经济建设的目的，在于创造国防经济基础，改善人民生活①。在大生产运动中，各抗日根据地围绕"农业第一"的经济建设方针，开展了植树造林、开垦荒地、兴修水利等生态建设实践活动，改善农业生产的自然生态环境，促进农业生产的提高。通过农业生产领域的大生产运动，各个抗日根据地战胜了由于日本帝国主义的进攻、国民党的经济封锁所造成的严重粮食困难，改善了军民的生活，提高了军队的战斗力，增强了人民的革命力量和胜利信心，为战胜日本帝国主义和民主革命在全国的胜利奠定了物质基础。

解放战争时期，为了在经济上适应战争不断发展的新形势和保证大规模作战所需要的物资供给，党中央高度重视解放区的财政问题。对此，中共中央于 1945 年 11 月 7 日发布由毛泽东起草的对党内的指示《减租和生产是保卫解放区的两件大事》，指出："国民党在美国援助下，动员一切力量进攻我解放区，全国规模的内战已经存在。我党当前任务，是动员一切力量，站在自卫立场上，粉碎国民党的进攻，保卫解放区，争取和平局面的出现。"② 为此，目前非常迫切的任务之一是发展大规模的生产运动，增加粮食和日用必需品的生产，改善人民的生活，救济饥民、难民，供给军队的需要"，并要求：党员要"坚决同人民一道，关心人民的经济困难"。③ 可见，发展革命根据地的农业生产，对于解放战争的胜利有着至关重要的意义。为此，1946 年 4 月 27 日，陕甘宁边区召开第三届参议会第一次会议。会上，林伯渠作了政府工作报告。他指出：今后三年的建设方针，即继续实行以经济为本、农业第一。1947 年 4 月，陕甘宁、晋冀鲁豫等解放区代表在河北邯郸召开华北财经会议。这次会议认为：当时解放区财政工作存在着必须大量养兵、必须保障部队生活的一定水准、必须照顾人民负担力的三大基本矛盾；同时，只有解决这些矛盾，才能支持长期战争。为此，会议制定了九条决定。其中第一条就特别

---

① 林伯渠：《陕甘宁边区政府对边区第一届参议会的工作报告》，1939 年 1 月 15 日。
② 《毛泽东选集（第四卷）》，人民出版社 1991 年版，第 1172 页。
③ 《毛泽东选集（第四卷）》，人民出版社 1991 年版，第 1172–1173 页。

指出"积极扶助农业"。1947年10月24日，中共中央批转了华北会议的综合报告和决定。可以说，华北财经会议的思想和观点，集中反映了党中央关于解放区财政工作的思想和政策。1948年2月27日，陕甘宁边区政府委员、参议会常驻议员举行扩大联席会议。鉴于一年来的战争破坏，边区耕地面积减少了25%，粮食产量减少了一半，棉花产量减少了70%。会议着重讨论了恢复经济建设和加强支前工作，通过了恢复与发展农业等计划。

正是在上述一系列加强农业生产政策思想指导下，各解放区人民努力进行农业生产建设，并通过扩大耕地面积、兴修水利等措施改善农业生产环境，极大地促进了农业经济的恢复。由于农业生产环境的改善，加上土地改革的作用，解放区的大部分地区在1948年获得丰收，产量已有抗战以前的十分之七八，有的地方达到历史最好水平。

2. 在革命根据地生态建设实践中，党逐步加深了对生态建设内涵的认识

各个革命根据地生态建设实践，促生了党的生态建设理论的最初萌芽。主要体现在以下几个方面：

第一，认识到根据地生态建设是影响农村包围城市战略的重要因素。轰轰烈烈的大革命失败后，中国共产党将革命中心从城市转向农村，在农村创建革命根据地，逐步走上了农村包围城市，最后夺取政权的道路。而以革命根据地为依托进行的各项革命斗争，又必须有相应的经济基础尤其是农业的发展作为保障。否则，就会影响到革命根据地的生存和发展，影响到"农村包围城市、武装夺取政权"道路的实现。1927年10月，毛泽东率领工农革命军来到宁冈茅坪，近千人的部队给养问题，特别是吃饭问题，成为一个非常棘手的问题。1928年4月，朱毛会师后，这个问题就更严重了。据负责后勤工作的范树德回忆说："开始我们这支部队只有千把人，没收地主的粮食就能解决吃饭问题。……，1928年4月，朱德、陈毅同志率领湘南部队和我们的部队在井冈山会师，人数猛增一万多，湘南来的部队中很多是一家都来了。他们为了革命而离开家乡，到了井冈山，但我们又不能都把他们组织成严密

的部队，又不能让他们在井冈山当'叫花子'。"①类似的"吃饭问题"，也是以后各个时期的革命根据都必须面对的紧迫问题。所以，从井冈山和苏区时期开始，中国共产党就领导人民开始了轰轰烈烈的农业建设，在通过制定正确的土地革命路线调动广大农民生产和革命的积极性的同时，还采取多项生态建设措施，促进农业生产发展。抗战初期，党继续重视根据地农业生产和生态建设。林伯渠在总结 1937 年、1938 年边区经济建设工作时，提出："为了支持长期抗战，应付与日俱增的经济困难，同时建立国防经济基础，改善人民生活，以加强抗战力量，扩大生产运动，成为目前重要战斗任务之一。"②在抗日战争从战略防御进入战略相持的时刻，党已经预感到随着战争的继续，财政和物资方面的困难必将增加。关于经济问题，毛泽东所写的《抗日时期的经济问题和财政问题》《必须学会做经济工作》等文章，阐明了党领导抗日根据地经济建设的正确方针和政策。毛泽东指出：发展经济，保障供给，是我们经济工作和财政工作的总方针。因此，陕甘宁等地通过开荒、造林、水利建设等措施改善农业生态环境，发展农业生产以提高农业产量，解决全边区的人民和机关、学校、部队等基本生活问题。解放战争时期，由于经常长期的战争和各种自然灾害严重影响了各个解放区的农业生产，作为解放战争的后方根据地，各解放区除了发展生产改善本区人民生活，更重要的任务是为解放战争前线不断提供必要的物质支援。所以，各解放区都确立以农业为基础，以农业生产为中心，把恢复和发展农业生产放在首位的经济建设方针。为此，各解放区也都进行了必要的农业生态建设，并收到了积极的效果，成功解决了革命根据地百姓的吃饭问题，为保证人民军队的给养作出了重要贡献。可见，在革命根据地发展农业生产的实践中，党逐步认识到革命根据地生态建设与农业生产的发展、与革命根据地的巩固直至"农村包围城市、武装夺取政权"道路的最终实现紧密相联。所以，革命根据地生态建设成为党

---

① 范树德：《回忆红军的后勤供应工作》，中国人民政治协商会议井冈山市文史资料研究委员会编，井冈山市文史资料第三、四辑，1989 年版，第 31 页。

② 林伯渠：《陕甘宁边区政府对边区第一届参议会的工作报告》，1939 年 1 月 15 日。

的一项重要工作。

第二，革命根据地生态建设由单纯以增加粮食等经济价值为目标，逐渐转为以改善农业生态环境为中心任务，进而促进农业生产发展。井冈山革命根据地就以"修水利"和"修牛路"为主要内容进行农田基本建设，从而改善了农业生产的自然环境，达到了增产的目的。中央苏区时期，党和政府为了促进根据地农业生产发展，也先后制定了开垦荒地、兴修水利、改良土壤等措施，有效促进了农业物资产量的增加。抗日战争时期，陕甘宁等革命根据地的农业生态环境更加恶劣。党在革命根据地的生态建设政策，在强调增加农业耕地面积的同时，开始更加关注林业建设对于农业生产气候的调节作用，并专门设立林务行政机构，还发动了大规模的植树造林运动。到了解放战争时期，党关于革命根据地的生态建设政策开始重视多种生态建设实践对于农业生产的综合作用。如，1944 年 7 月 27 日，晋冀鲁豫边区召开财经会议，确定农业原则上不再开生荒，号召深耕细作，大量种棉、养猪。根据这次会议的精神，边区政府 8 月 22 日发出《关于秋冬季节生产工作的指示》，指出今年全区开荒 40 多万亩，但由于大部分丛林被伐，每遇大雨，山洪冲地甚巨，因此，边区决定从今秋起，一律停止开荒，已开荒的修成梯田、植树，并对秋冬季节各项生产提出了具体要求。党在革命根据地生态建设实践及其价值目标的发展和深化，不但表明在中国共产党的领导下的军民有战胜敌人的英雄气概和改造自然的无穷力量，而且反映了党对人与自然辩证统一关系认识的深化。

第三，革命根据地生态建设奠定了新中国生态建设政策的基础。这一点，主要体现在华北人民政府的生态建设政策的制定及其影响上。华北人民政府是在特定的历史条件下，为了具体实施建立联合政府的过程，取得建设新民主主义政权的切实经验，在晋察冀和晋冀鲁豫两个解放区合署办公的基础上成立。由于华北所处的自然、地理、历史地位和它在解放战争中所起的特殊作用，在华北人民政府成立前后，中共中央就赋予它一项特别重要且光荣的任务。除了明确规定它要为新中国的建立摸索、积累政权建设和经济建设的经验，并在中央政府成立之前就实际代行统一制定全国财经政策、方针，统一管理除东北以外各解放区的财政经济工作的职能外，还要为新民主主义经济的构建和理论提供具体实践经验。华北人民政府在其存在的一年多时间里，遵照中共中央指示，不仅完成了组织华北地区大量的人力物力支援全国解放战争的任务，而且在政权建设、财政建设和生产建设等方面作了大量工作，制定了许多方针政策性文件（其中就包括生态建设政策的制定），为中央人民政府的成立做了充分的组织准备。中央人民政府的许多机构就是在华北人民政府的基础上建立起来的。因此，华北人民政府被誉为"共和国雏形"。

关于生态建设政策及实践，华北人民政府一方面充分参照和努力汲取各个时期革命根据地生态建设政策的内容与实践经验，为制定华北人民政府的生态建设政策服务；另一方面，华北党政机关对华北地区生态环境和农业生产条件进行全面系统的调查、统计和分析研究，确认以农业为基础，以农业生产为中心，把恢复和发展农业生产放在首位的经济建设方针，并围绕此方针制定生态环境政策，开展多种形式的生态环境建设的实践。这里尤其要提到的是，华北人民政府第二次委员会于1949年2月24日通过的《华北人民政府一九四九年国民经济建设计划》就有大量生态建设的内容，包括兴修水利、植树造林、开垦荒地等，还明确生态建设的地域、数量等具体要求。华北人民政府的一系列生态建设政策及实践对新中国相关政策的制定产生了重要影响。

第 2 章

社会主义革命和建设时期党的生态建设实践

中国在数千年农业社会的历程中，完全依附于大自然，以"靠山吃山、靠水吃水"的生产方式，持续消耗着自然资源。20 世纪中叶，中国经济发展已经从小农经济、手工作坊逐步走上工业现代化之路，其经济本质却仍然是"以生态换取经济"。但是，执政的中国共产党在领导现代化建设的实践中，已开始了生态建设的实践，并逐步加深对生态建设的认识。这也为党的生态建设理论的形成和发展奠定了重要基础。

2.1 工业化初期中国生态建设的起步

1949 年之前，中国工业落后污染却较少，但由于水利不畅、灾害频发以及滥开矿产、战火不断等原因，生态破坏最终还是积重难返。在新中国成立后的一段时期内，由于缺乏经济建设经验，国家制定的经济决策一度出现偏差，致使粗放型、资源型工业规模不断扩大，再加上城市基础设施落后等原因，导致生态环境破坏达到相当严重的程度。当时，新中国出现的生态问题表现在诸多方面：滥砍滥垦森林和草原的行为，不仅破坏植被，还致使水土流失及严重的土壤侵蚀；部分规模较大的城市也出现了不同程度的工业污染。

但当时由于生产规模较小，全国人口总量也相对不大，中国所产生的生态问题当时还没有产生全局性影响。

在此期间，中国全社会还缺乏环保意识，公众也没有生态环境方面的诉求，政府也并未明确提出生态建设的概念及相应政策。但是，在经济建设实践过程中，国家相关部门根据具体的现实情况，出台了一些具有生态建设功能的文件和法规，部分城市也采取了一些相应的生态建设的举措。

1. 提倡植树绿化

长期以来，中国森林资源少，与国民经济发展不适应。新中国成立以后党和国家发布了一系列植树绿化的政策法令，促进了林业资源的发展。1950年3月，党中央召开全国林业会议，提出了普遍护林、重点造林的林业工作方针。紧接着，政务院于5月16日发布《关于全国林业工作的指示》，强调"我国现存的森林面积约占领土的百分之五，木材产量向感不足，对天灾之袭击无法保障。而大部分地区对森林的破坏和滥伐行动，迄未停止"[①]。为了大力促进植树造林，加强森林保护，该《指示》还就1950年林业相关工作计划、关于苗圃地与伐木及护林的几个具体问题和相应的组织机构与领导问题，做出详细规定。1953年9月30日，政务院又发布《关于发动群众开展造林、育林、护林的指示》，强调"我国现有森林面积过小，木材资源贫乏，因之，既不能满足国家长期建设的需要，又不能庇护广大土地，抵抗风沙水旱，致农业生产受到极大威胁"[②]。为了促进公路绿化工作，交通部于1956年3月2日发布《公路绿化暂行办法》，要求"有计划地在路旁栽植树木，以保护路基，增加生产，美化路容，增进行车舒适"[③]。6月5日，国务院又发出《关于保护和发展竹林的通知》。当时，党和政府认识到，中国森林不足和分布不平衡，

---

① 中国环境科学研究院环境法研究所：《中华人民共和国环境保护研究文献选编》，法律出版社1983年版，第169页。

② 中国环境科学研究院环境法研究所：《中华人民共和国环境保护研究文献选编》，法律出版社1983年版，第176页。

③ 中国环境科学研究院环境法研究所：《中华人民共和国环境保护研究文献选编》，法律出版社1983年版，第193页。

不但妨碍了基本建设事业的发展，而且制约了农业生产的正常发展。森林不仅是国家的重要资源，又是发展农牧业生产的重要保障。为此，中共中央、国务院于 1958 年 4 月 7 日发布《关于在全国大规模造林的指示》，指出"迅速地大规模地发展造林事业，对于促进我国自然资源面貌和经济面貌的改变，具有重大意义"[①]。1963 年，国务院又颁布《森林保护条例》，加强对森林的保护工作。

　　毛泽东也非常关心和重视植树绿化工作。他先后作出了许多关于林业问题的论述，对当时中国林业建设方针政策的制定起到了重要指导作用。1955 年 10 月中共七届六中全会召开，毛泽东在会上讲到，"北方的荒山应当绿化，也完全可以绿化"。他强调，"这件事情对农业，对工业，对各方面都有利"。[②]1955 年 11 月 1 日，中共离山县委书记撰写《依靠合作化开展大规模的水土保持工作是完全可能的》一文。文章介绍了离山县水土保持的主要措施：拦泥治沟，植树治坡，沟坡综合治理；山上蓄水保土，大面积植树造林，栽培牧草，发展畜牧业，山沟打坝堰，坡地修梯田等。毛泽东在看了文章后指出，"离山县的水土保持规划可作为黄河流域及一切山区做同类规划的参考"[③]。同时，毛泽东又强调，"水土保持工作要全面规划加强领导"[④]。1955 年 12 月 21 日，毛泽东在《征询对农业十七条的意见》中提出，"在十二年内，基本上消灭荒地荒山，在一切宅旁、村旁、路旁、水旁，以及荒地上荒山上，即在一切可能的地方，均要按规格种起树来，实行绿化"[⑤]。这是当时对中国绿化工作的重要规划。毛泽东还提出，"开荒必须注意水土保持工作"，"垦荒必须同保持水土相结合"的要求。1956 年 4 月 25 日，毛泽东在《论十大关系》中讲到，"天上的空气，地上的森林，地下的宝藏，都是建设社会主义所

---

① 中国环境科学研究院环境法研究所：《中华人民共和国环境保护研究文献选编》，法律出版社 1983 年版，第 207 页。

② 中共中央文献研究室、国家林业局：《毛泽东论林业》，中央文献出版社 2003 年版，第 25 页。

③ 中共中央文献研究室、国家林业局：《毛泽东论林业》，中央文献出版社 2003 年版，第 30 页。

④ 中共中央文献研究室、国家林业局：《毛泽东论林业》，中央文献出版社 2003 年版，第 32 页。

⑤ 中共中央文献研究室、国家林业局：《毛泽东论林业》，中央文献出版社 2003 年版，第 26 页。

需要的重要因素"①，指出了自然生态环境的重要性。1955 年 1 月，中共山西省阳高县委书记撰写《看，大泉山变了样子！》一文，介绍了大泉山关于生态建设方面的一些情况。大泉山位于山西省阳高县境内，多是不长"山柴蒿草"的荒山秃岭，水土流失非常严重。农民张凤林、高进才通过挖鱼鳞坑、筑水渠、修梯田、建蓄水池，治理荒坡 380 亩，种植树木 33200 多株，栽植桃、李等果树 1503 株，改变了大泉山的荒凉面貌，控制了水土流失。毛泽东看了这篇文章后，在《中国农村的社会主义高潮》中为它写下按语："有了这样一个典型例子，整个华北、西北以及一切有水土流失问题的地方，都可以照样解决自己的问题了。"② 毛泽东这些论述所包含的重要思想，对于中国林业和生态建设，具有重要的指导意义。

2. 防治环境污染

"一五"期间，中国模仿苏联经验，把有污染的工业项目基本设在城市郊外。政府还根据卫生防护距离标准，要求在城区与工业区之间种植人工树林的隔离区域。这项措施有效降低了工业废气对工厂周边居民区的危害。当时部分有污染危害的企业，尤其是"一五"计划中列出的 156 个重点企业，都采取了相应的处理污水和烟尘的技术措施。这些措施在当时都起到了减轻污染危害的作用。但从总体上看，中国在"一五"期间的生态破坏是加重了的。"一五"期间，国家还没有设立专门的环境保护机构，也没有制定专门的环境保护法规，但国家在这期间制定的一些相关法规中还是包含了一些生态建设的职责和内容。如 1956 年的《工业企业设计暂行卫生标准》、1957 年的《中华人民共和国水土保持纲要》中，都明确提出防治污染和环境保护的相关要求。此外，中国在城市基础设施建设、兴修水利、防治水土流失、对废弃物进行综合利用等方面，也都取得了明显成绩。20 世纪 50 年代中期后，随着工业化的发展和人口的急剧增长，中国各级政府及部门，为了预防性卫生监督、资源回收利用，提出了一些生态建设方面的要求和措施。1956 年，党和

---

① 中共中央文献研究室、国家林业局：《毛泽东论林业》，中央文献出版社 2003 年版，第 32 页。
② 中共中央文献研究室、国家林业局：《毛泽东论林业》，中央文献出版社 2003 年版，第 32 页。

政府提出"综合利用"工业废物,并发起变废为宝运动。从 1960 年起,中国部分重工业相对集中的城市开始陆续建立"三废"综合利用的管理机构,积极组织并引导小企业利用大企业的"废水、废气、废渣"作为原料进行生产。这既是进行资源回收,又减轻了对环境的污染。例如,上海丽明印染厂创造了一套烧下脚煤的先进操作方法[①];吉林化学工业公司大量利用废水、废气、废渣,提倡综合利用,增产工业原料;上海化工系统在过去的一年间,从"三废"中提取 65 万吨化工产品。[②]

周恩来是较早注意防治污染、保护环境问题的领导人之一。周恩来从 20 世纪 50 年代中期就关注"三废"问题了。1957 年,周恩来在重庆调研期间曾指出,"污染环境的工厂,一定不要建"[③]。1958 年 7 月 7 日,周恩来到广东新会县江门甘蔗厂进行考察时,提出要充分利用"三废",大搞综合利用"三废",以达到化害为利、造福人民的目的。[④]1959 年 6 月 8 日,周恩来在视察石家庄炼钢厂和焦化厂召开的厂负责人和技术人员参加的座谈会上,提出出焦的环境太差,要提高机械化;对烟囱冒黑烟的问题,他指出烟是个宝贝,应该得到回收利用,以减轻污染。[⑤]在 50 年代,中国工业化建设刚刚开展之时,周恩来就能如此迅速地认识到环境保护的重要性,实在是难能可贵。

3. 提出保护自然资源

为了切实保护和利用矿产资源,以保证社会主义建设当前和长远的需要,1956 年 12 月 17 日,国务院批转《矿产资源保护试行条例》,明确指出:"矿产资源是全民所有的宝贵财富,是社会主义建设的重要物质基础,是采后不能再生的资源"[⑥],并就地质勘探,矿产设计,冶炼、矿山开采,选矿、矿产

---

① 《人民日报》,1961 年 1 月 13 日。

② 《人民日报》,1961 年 1 月 14 日。

③ 《周恩来年谱(中卷)》,中央文献出版社 1997 年版,第 20 页。

④ 《周恩来年谱(中卷)》,中央文献出版社 1997 年版,第 152 页。

⑤ 《周恩来年谱(中卷)》,中央文献出版社 1997 年版,第 234 页。

⑥ 中国环境科学研究院环境法研究所:《中华人民共和国环境保护研究文献选编》,法律出版社 1983 年版,第 141 页。

加工和使用以及地下水资源管理等方面作出规定。①此外，为了开展水土保持工作，合理利用水土资源，根治河流水害，开发河流水利，发展农、林、牧业生产，以达到建设山区，建设社会主义的目的，国务院于 1957 年 7 月 25 日发布《中华人民共和国水土保持暂行纲要》。到了 60 年代初，为了改变"大跃进"导致的经济和社会发展的全局性失误，国家实行"调整、巩固、充实、提高"八字方针，积极改善国民经济发展质量。与此同时，党和政府又首次对资源保护提出了要求，发布了一系列关于土地、土壤及矿藏保护类的文件。例如，1960 年 4 月 11 日，第二届全国人民代表大会第二次会议通过的《全国农业发展纲要》明确规定了"兴修水利，发展灌溉，防治水旱灾害""改良土壤""开展保持水土的工作""开垦荒地，扩大耕地面积""发展林业，绿化一切可能绿化的荒山荒地"等内容②。1962 年，国务院发出《关于开荒挖矿、修筑水利和交通工程应注意水土保持的通知》；6 月 19 日，国务院制定《关于奖励人民公社兴修水土保持工程的规定》。1963 年国务院又发出《关于黄河中游地区水土保持工作的决定》，指出"水土保持是山区综合发展农业、林业和牧业生产的根本措施"③。

这些政策、法规及指示，对于全国的生态建设起到了积极的作用。在此期间，全国上下开展了群众性的大规模的农田基本建设。广大群众以"愚公移山、改造中国"的精神治山治水，植树造林，并且进行了治理黄河、淮河、海河的巨大工程，有效地改善了农业生产条件，增强了抗御自然灾害的能力。在城市，党和国家从发展生产、保障人民健康出发，对老城市进行了改造和适当发展，并逐步改善了职工的居住条件和公共卫生条件。同时，由于工业建设得到了合理布局，在广阔的内地和诸多经济相对落后地区及少数民族居

---

① 中国环境科学研究院环境法研究所：《中华人民共和国环境保护研究文献选编》，法律出版社 1983 年版，第 141 页。

② 中国环境科学研究院环境法研究所：《中华人民共和国环境保护研究文献选编》，法律出版社 1983 年版，第 1-5 页。

③ 中国环境科学研究院环境法研究所：《中华人民共和国环境保护研究文献选编》，法律出版社 1983 年版，第 158 页。

住地区，有很多工业开始大规模地进行建设，致使一大批工业城镇在这些地方出现，进而逐步改变了此前中国工业主要集中于沿海地区的状况。这是维护和改善生态环境的一项重要措施。

但是，1958年开始的"大跃进"以及随后的"文化大革命"运动又造成了巨大的生态破坏，中国的生态建设遭受了较大的曲折。"大跃进"时期，中国全民动员，大炼钢铁，"小钢铁"和"小土群"遍地开花，工业"三废"（废水、废气、废渣）任意排放，导致局部地区环境污染迅速加剧。"文化大革命"开始后，环境污染和生态破坏的趋势进一步加剧。一是大规模建设的"三线"重工企业，排放出大量有害物质。由于扩散稀释条件差，形成严重的大气污染和水体污染。在城市建设方面，提出的"先生产，后生活"和"变消费城市为生产城市"口号，加剧了这些城市已存在的工业污染。二是农业生产方面片面强调"以粮为纲"，强行毁林、毁牧。围湖造田，搞人造平原等，导致生态环境的恶性循环。同时，农业环境普遍受到污染。据初步统计，在此期间，全国受农药污染的农田达1.9亿至2.4亿亩，污染粮食400亿千克以上；受工业"三废"污染的农田和牧区总面积有5000多万亩，被重金属镉污染的土地有20多万亩，被水污染的土地达48万亩；全国有12000千米的河段被污染，水质不符合农田灌溉水质标准；堆积工业"废渣"占用农田达10万亩。[①]所有这些，对于人民健康，对于农林牧副渔业的发展，对于工业和交通运输业的建设，都带来了不利的影响，少数地区已造成严重危害。从1970年到1972年6月第一次人类环境会议之前，中国又发生了几起环境污染事件：大连海湾因为陆源污染，有6处滩涂养殖场关闭；渤海湾、上海港口、南京港口也有类似情形，官厅水库遭污染，威胁北京饮水安全等。其中，北京市民反映市场上出售的淡水鱼有异味吃后出现全身无力、头痛、胃痛、恶心、呕吐等中毒症状。这引起了周恩来的高度关注，并使他意识到中国环境问题的紧迫性。

---

① 《改革开放事业中的中国环境保护事业30年》编委会：《改革开放事业中的中国环境保护事业30年》，中国环境科学出版社2010年版，第11页。

总之，20 世纪 70 年代初，中国生态建设事业总体上处于空白阶段，中央政府制定的国民经济和社会发展计划基本上没考虑或很少考虑生态问题，国家也没能从经济社会发展的普遍规律及国外有借鉴价值的经验教训中，认识自然生态和环境质量对国家发展的深层影响力，更没能采取任何治理工业污染以及防止污染扩散、延展的措施和设施，终使生态状况日益恶化，生态环境破坏情况正在中国急剧地发展和蔓延，被污染的水源、空气、土壤、生物已经开始严重影响人民的生产和生活。但是，当时全国正值"文化大革命"，大多数人对于生态问题及环境保护还很陌生，甚至一些部门领导觉得中国的生态与环境问题不大，好像不必太着急。尤其是，按照当时极"左"路线的理论，社会主义制度是不可能产生生态破坏。谁要是说有污染，谁就是在给社会主义抹黑。当时，严峻的生态形势，亟需中国社会改变人们忽视生态的观念，提高人们的生态建设意识。这也是党和国家领导人正积极努力做的事情。

2.2　生态建设在国家政策层面的确立

2.2.1　第一次人类环境会议与党对生态建设的认识

20 世纪 60 年代末，周恩来不仅看到了中国环境问题的潜在威胁，还以其特有的远见卓识和敏锐目光，预见到了生态建设是中国未来经济社会发展必须面对的挑战。为了提高中国全社会的生态建设意识，更好地筹划中国的发展，周恩来积极推动中国参加了联合国第一次人类环境会议。

20 世纪 60 年代，西方国家环境污染事件不断发生，引起了国际社会的广泛关注。1972 年，联合国决定在瑞典斯德哥尔摩召开人类环境会议。这是联合国历史上召开的第一次研讨保护人类环境的专门会议。当时联合国派了会议的秘书长莫里斯·斯特朗到中国来，希望中国能参加这个会议，并能提供环境保护方面的材料，还提出中国最好在会议上做个报告。会议的东道主瑞典多次表示很希望中国能参会。法国和加拿大等国对中国参会也很感兴趣。鉴于以上情况，同时考虑到出席此次会议一方面可以扩大中国影响，另一方面也可以了解一些目前世界各国对解决环境问题的动向，汲取一些有益的经验教训，并有可能使得这次会议成为提高中国生态建设意识的一个良好契机，周恩来答应，中国派代表团参加会议。

为了尽量通过会议提高中国参会人员对生态建设和环境保护的认识，周恩来对中国代表团参会事项进行了认真细致的准备。在刚开始确定代表团代表时，相关部门从当时的一般认识出发，认为环境污染危害人体健康，是卫生问题，就组织了一个以卫生部军代表为首的代表团，并提了个名单。周恩来在收到参加环保会议的请示报告后，指出：环境保护不仅是卫生问题，还涉及国民经济各方面。他说：代表团回来要制定一些环境保护措施，应由综合管理部门组团。于是，当时作为综合部门的国家计划委员会的主任余秋里就指派化学工业部副部长率团出席。名单报上去以后，周恩来认为代表团的领导力量仍然不强，达不到提高中国环境保护意识的预期要求。他说代表团既要"有工业、农业、水利、外交方面的人，还要有综合部门的人"。最后，经多方协商，决定代表团由国家计划委员会（3人）、外交部（5人）、燃料化学工业部（4人）、卫生部（6人）、冶金工业部（2人）、第二机械工业部（1人）、轻工业部（2人）、农林部（1人）、海洋局（1人）、北京市（3人）、上海市（2人）、新华社（1人）共同选派31人组成。[①]再加上翻译、随员等共40多人。

关于中国参加第一次人类环境保护会议的基本任务，周恩来向代表团明确作出批示："通过这次会议，了解世界环境状况和各国环境问题对经济社会发展的重大影响。并以此作为镜子，认识中国的环境问题。"[②]周恩来还审阅了中国代表团准备的发言稿。尤其要说到的是，中国代表团将在这次大会上作的报告，是根据周恩来的指示并由他亲自审定的，其中表达了周恩来关于"维护和改善人类环境"的基本指导思想，也是中国代表团在大会上表达关于

[①] 曲格平：《环境觉醒——人类环境会议和中国第一次环境保护会议》，中国环境科学出版社2010年版，第204页。

[②] 曲格平：《环境觉醒——人类环境会议和中国第一次环境保护会议》，中国环境科学出版社2010年版，第206页。

环境保护的基本精神，主要内容有："我国政府按照全面规划、合理布局、综合利用、化害为利、依靠群众、大家动手、保护环境、造福人民的方针，正在有计划地开始预防和消除工业废水、废气、废渣污染环境的工作。"[①] "在人类环境问题上，任何消极的观点，都是毫无根据的。""只要各国政府为人民的利益着想，为子孙后代着想，依靠群众，充分发挥群众的作用，就一定能够更好地开发和利用自然资源，也完全可以有效解决环境问题，为人民创造良好的劳动条件和生活条件，为人类创造美好的环境。"[②] 报告中还阐述了周恩来对人口增长和环境保护的关系的看法，指出：我们不同意"那种认为人口的增长会带来环境的污染和破坏，会造成贫穷和落后观点"，同时强调，"这绝不意味我们赞成人口的盲目增长"。在发言的最后，周恩来提出还加上一节，基本内容是："我国的科学技术水平还不高，我们在维护和改善人类环境方面还缺乏经验，还要继续做更大的努力。我们愿意学习世界各国在维护和改善人类环境方面的一切好经验。"[③] 承认中国存在环境问题，不仅体现了周恩来谦虚、求是的态度，更说明了对生态建设和环境保护问题的重视。

　　在周恩来的精心安排下，这次会议对于中国代表团来说就是一堂生动的生态环境建设的课堂。通过会议，中国代表团了解和认识了世界环境状况和生态问题对经济社会发展的重大影响，从而认识到中国生态与环境问题的严重性：中国城市和江河污染的程度并不亚于西方国家，而自然环境的破坏程度却远在西方国家之上。会议代表团通过各种渠道把这种认识传播开来。这就为1973年召开全国第一次环境保护会议，进一步提高中国的生态建设和环境保护认识，奠定了一个比较好的基础。正是在周恩来的推动下，通过这次会议，不仅中国代表团提高了环境保护意识，中国的高层决策者也认识到中

---

① 曲格平：《环境觉醒——人类环境会议和中国第一次环境保护会议》，中国环境科学出版社2010年版，第5页。

② 曲格平：《环境觉醒——人类环境会议和中国第一次环境保护会议》，中国环境科学出版社2010年版，第6页。

③ 曲格平：《环境觉醒——人类环境会议和中国第一次环境保护会议》，中国环境科学出版社2010年版，第7页。

国存在着严重的生态建设问题，需要认真对待。这样，联合国第一次人类环境会议成为中国环境保护事业的转折点，对中国环境保护事业具有启蒙和发端意义。可以说，这次人类环境会议不仅是世界环境保护的里程碑，也是中国生态建设的发展起点。

2.2.2　第一次全国环境保护会议与中国生态建设决策

通过联合国第一次人类环境会议，中国不仅极大提高了对生态建设的认识，召开了第一次全国环境保护会议，并提出环境保护方针政策、制定环境保护规划、建立环境保护工作机构，从而把环境保护提上国家议事日程，中国的生态建设决策从此起步。

第一次人类环境会议结束后，代表团向周恩来作了汇报。在汇报中，根据会议列举的一些环境问题，再对照中国的一些情况，代表团发现中国的一些生态问题，如大气污染、水质污染、固体废弃物污染，还有生态破坏，已经相当严重。听了汇报后，周恩来说：我所担心的问题在我们国家还是发生了，而且比较严重。他当即表示：对我国环境问题再也不能不管了，应当提到国家议事日程上来，并要求不仅国家有关部门要重视环境保护问题，各级领导也要重视这个问题。于是，他指示立即召开一次全国性的环保会议。尽管中国当时处在封闭锁国的"文化大革命"之中，为了扩大人类环境会议的影响，提高中国的生态意识，周恩来还是坚定地排除干扰，毅然决定召开全国性的环境保护会议。

为了第一次全国环境保护会议的顺利召开，有关部门事先作了一次全国性的调查，调查发现中国存在的污染问题相当严重，主要表现在：海湾被污染。大连湾、胶州湾、上海、广州这一带，海湾的污染已经非常严重。其中，大连湾有7处滩涂养殖场，由于污染，6处已经关闭；胶州湾石油大面积漂浮，严重污染水域。城市的大气污染、水质污染问题都很突出。从东北到华南，几乎所有大城市都面临着污染问题。因当时工业布局比较乱，在风景区、在公园到处开办工厂，而工业污水不经过任何处理就随意排放，致使江河的水被污染。

在周恩来的指示下，国务院委托国家计划委员会于1973年8月5日—

057

20日在北京召开全国环境保护会议。参加这次会议的有各省、市、区及国务院有关部门负责人、工厂代表、科学界人士代表，共300多人出席会议。会议上说明了中国环境保护情况，列举了全国大量环境破坏方面的事实，比较充分地揭露了全国在环境污染和生态破坏方面的严重问题。如，官厅水库是北京的主要水源之一，但由于上游工厂排放有害废水的影响，水质不断恶化，严重威胁北京的河道和地下水源。上海由于是中国的老工业基地，工业比较集中，污染问题很突出。因此，周恩来在会议期间举上海的例子比较多。他对上海的代表说：你们喝喝北京的水，是不是比上海的水好啊。他说，上海人民对上海的水，意见很大，水有味道；他还说，黄浦江的污染不治不得了。还有辽宁沈阳化工厂，烟尘弥漫，废水废渣成灾，危害了职工和附近居民的健康，危害了周围农田，民众纷纷要求工厂搬迁停产。会上暴露的全国环境污染情况使与会代表大吃一惊。这些问题集中反映到了会议发出的10期简报上。周恩来看了简报后，觉得问题严重，他把这个简报转给中央各部部长和各省第一把手阅看。会后又把这些简报扩大范围，发到全国。

为了推动生态建设，第一次全国环境保护会议在提高认识的基础上，制定了著名的"三十二字"环境保护工作方针，即"全面规划，合理布局，综合利用，化害为利，依靠群众，大家动手，保护环境，造福人民"。同时会议还研究了有关环境保护的方针、政策，制定了中国第一部环境保护综合法规《关于保护和改善环境的若干规定（试行草案）》，要求各省、市、自治区要把制定本地区保护和改善环境的规划，作为长期计划和年度计划的组成部分。正是会议通过的"三十二字"环境保护工作方针，奠定了中国环境保护政策的理论基础和思想基础，成为中国环境保护事业前进的指南；也正是《关于保护和改善环境的若干规定》这个具有法规性的文件，对刚刚起步的中国环境保护事业发挥了重要的法制支撑作用。另外，有关环境保护全面规划、工业合理布局、改善老城市环境、综合利用、土壤和植物的保护、水系和海域的管理、植树造林、环境监测、环境科学研究和宣传教育、环境保护投资和设备等十几个方面的问题，在这次会上也有了具体的规定。为了有效提高生态建设与环境保护的意识，会议还批评了少数人对生态建设的错误认识，指出这些错误思想妨碍了环境保护工作的开展。如，有人说，"哪个烟囱不冒烟，哪个工厂不排水，不排渣？"会议指出，有这种观点的人不仅不了解"三废"的危害，还与他们的官僚主义以及对广大人民的健康和利益漠不关心、对国家财产的浪费无动于衷有关。针对有人提出，"生产忙不过来，哪有时间搞'三废'"。会议认为，这种观点主要是不了解消除"三废"污染，不仅不妨碍生产，而且会促进生产。因为工业"三废"弃之则为害，收之则为宝。再如，有的人把综合利用说成"不务正业"，是"捡了芝麻，丢了西瓜"。会议认为，这种人最没有全局观点，最没有群众观点。如果不解决"三废"污染问题，长此下去，就会危害人民健康，破坏农业生产，最后"正业"也办不成。会议上的一系列措施，不仅强化了与会代表的生态建设意识，同时又将环境保护纳入法治轨道，变被动为主动，变治标为治本。因为，从环境污染的源头抓起，有利于对环境污染进行必要控制，从而更加有利于对生态环境进行全面保护。会议越开越深入，越开越热烈。以致最后，为了把会议精神有效、快速地向社会传播，周恩来决定在人民大会堂召开有党、政、军、民、学各界代表出席的万人大会。李先念、华国锋、余秋里出席了这次万人大会，并作了重要讲话。李先念在会议一开始就指出："消除污染保护环境，要提高到路线的高度来看。"①华国锋说："这个万人大会的目的，就是要全党、全国引起重视"，要"把广大工人、技术人员、干部发动起来，大家动手来办这件事"②。余秋里提出，消除环境污染"是我国社会主义建设中的大事，关系到人民健康的一个大事"③。会议还请北京市、上海市、株洲市和沈阳化工厂、吉林造纸厂、广东马坝冶炼厂的代表，介绍开展综合治理、利用"三废"污染、保护环境

---

① 《李先念副总理讲话》，参见曲格平《环境觉醒——人类环境会议和中国第一次环境保护会议》，中国环境科学出版社 2010 年版，第 240 页。

② 《华国锋同志讲话》，参见曲格平《环境觉醒——人类环境会议和中国第一次环境保护会议》，中国环境科学出版社 2010 年版，第 244–245 页。

③ 《余秋里同志讲话》，参见曲格平《环境觉醒——人类环境会议和中国第一次环境保护会议》，中国环境科学出版社 2010 年版，第 246 页。

的经验。会议强调指出，保护和改善环境极为重要，要广泛宣传，引起全党、全国人民的重视，要把这件工作作为社会主义建设的一件大事来抓好抓紧。

全国环境保护会议后，国务院在批转国家计划委员会《关于全国环境保护会议情况的报告》中明确作出指示：保护和改善环境，是关系到保护人民健康和为子孙后代造福的大事，关系到巩固工农联盟和多快好省地发展工农业生产的大事。国务院还要求：各革命委员会必须把保护和改善环境的工作列入重要议事日程；要做好环境保护的规划工作，使工业和农业、城市和乡村、生产和生活、经济发展和环境保护同时并进，协调发展，新建工业、科研等项目必须把"三废"治理设施与主体工程同时设计、同时施工、同时投产，否则，不准建设。对现有城市、河流、港口、工矿企业、事业单位的污染，迅速作出治理规划，分期分批加以解决。为此，国务院出台了"三同时"政策，即防治污染工程措施，必须与生产主体工程同时设计、同时施工、同时投产。该政策显然是"预防为主"思想在工业建设上的具体应用。国务院还要求，各地区、各部门设立精干的环境保护机构，给他们以监督、检查的职权。

第一次全国环境保护会议，像春雷般地惊醒了中国人的生态意识，特别是引起了各级领导干部对环境保护问题的重视。在"文化大革命"期间，全国环境保护会议能够对大量生态问题进行揭露并分析其危害，不能不说是一个"突破"。如果不是周恩来等党和国家领导人的倡导和支持，中国的生态建设的起步至少要推后十年。由于周恩来的推动，在人类环境会议的影响下，具有历史意义的全国第一次环境保护会议揭开了中国生态建设的序幕。从此，中国的地平线上升起了生态建设的灿烂晨曦。

2.2.3　生态建设在全国开展

第一次全国环境保护会议后，在"三十二字"环境保护方针和《关于保护和改善环境的若干规定》的指导下，中国环境保护逐步开展起来。

全国环境保护大会刚结束，国务院和军委有关部门又召集干部大会，听取出席全国环境保护会议代表的汇报，研究环境保护工作的具体措施，传达全国环境保护大会精神。其中，部分单位召开了党的核心小组扩大会或部务会议。紧接着，国务院批转国家计划委员会《关于全国环境保护会议情况的报告》和《关于保护和改善环境的若干规定（试行草案）》。同时，国家还重点抓了一些污染严重地区的治理，像官厅水库的污染治理、白洋淀的污染治理、淄博的环境污染治理、沈阳市大气污染治理，杭州、苏州、桂林的污染治理等。其中官厅水库和桂林污染治理成效最突出。在国务院的领导下，1973 年 11 月 17 日，国家计划委员会、国家基本建设委员会、卫生部联合批准颁布了中国第一个环境保护标准——《工业"三废"排放试行标准》，并于 1974 年 1 月 1 日起试行。1974 年 1 月 13 日，国务院转发交通部关于《中华人民共和国防止沿海水域污染暂行规定》的报告，要求防止沿海水域污染。1974 年 6 月 25 日，国务院批转国家计划委员会《关于如何研究解决天津市蓟运河污染等问题的情况报告》。报告中指出：要集中力量打歼灭战，解决一批问题再解决一批问题。1974 年 8 月 27 日，国务院批转国家计划委员会《关于防止食品污染问题的报告》，同意成立食品卫生领导小组，由卫生部牵头，轻工、农林、商业、燃化、外贸、交通、国家建委等部门组成。全国环境保护会议结束以后，绝大多数省市代表回去立即向省市委作了汇报，并积极筹备召开全省环境保护会议，传达全国环境保护会议精神，部署今后工作。"南京、广州、长春、张家口分别召开了几千人至几百万人参加的环境保护大会，广泛动员。"[1]

在环境保护组织机构方面，经周恩来的批准，国务院于 1974 年 5 月专设了环境保护领导机构——环境保护领导小组，由余秋里任组长，谷牧和顾明任副组长，负责统一管理全国的环境保护工作，其下还设办公室。这是中国历史上第一个环境保护机构，虽然是一个临时性工作机构，但它在组织和推动全国环保工作上起了一定作用。从此，环境保护事业被提上国家议事日程上来。国务院环境领导小组成立后，很快制定了《环境保护规划要点和主要措施》《国务院环境保护机构及有关部门的环境保护职责范围和工作要点》。

---

[1] 国家计划委员会《关于贯彻全国环境保护会议情况的简报》，参见曲格平《环境觉醒——人类环境会议和中国第一次环境保护会议》，中国环境科学出版社 2010 年版，第 311 页。

其中，规划要点包括水系、企业、城市、农药、食品、科研、监测等方面；提出的主要措施有三条：把住建设关、改造老企业、加强管理；国务院环境保护领导小组的职责包括：负责制定环境保护方针、政策和规定，审定全国环境保护计划，组织协调和督促检查各地区、各部门的环境保护工作。这一时期，在国务院环境领导小组组织协调下，中国环境管理机构和环境保护科研、监测机构初步形成，并开展了一些重点区域的污染调查及治理，为今后的工作奠定了基础。环保研究所和环保检测机构不断组织力量对世界著名环保专家的重要论著以及环保知识进行翻译。1977 年 11 月，国务院成立了环境保护科学技术规划组，参加国家科协主持的国家长远科技计划规划编制工作。这样，环境保护科技作为一门新型的科学被纳入国家科技规划之中。1979 年 9 月召开的五届全国人大第十一次常委会，通过了《中华人民共和国环境保护法（试行）》，从而结束了中国无环境保护法的历史。这部法律明确了环境保护的范围，规定了环境保护的任务，并对自然资源开发利用和防治环境污染作出了若干具体规定。这是中国立法机关制定的第一个环境保护法律。从此，中国生态建设走上法治轨道。

国务院环境保护办公室成立后，还立即督促各地建立工作机构这样，全国各地也大都按照国务院的做法，设立了相应的临时性机构，开展环境治理。此后，国务院所属各部门和各省、自治区、直辖市及大中型工矿企业都逐渐设置了环境保护机构或专职人员，初步形成了一支管理、科研、检测队伍。一批管理干部和技术人员从国家机关、工交农业、科研等部门被调到环境管理岗位。他们一边学习，一边工作，在极为困难的条件下，从事着中国生态建设的起步工作。这样，环保工作不仅很快在全国就打开了局面，还掀起了一股不小的冲击波。如，北京、天津、上海、广州、武汉等大城市，开始做环境污染状况调查和评价。同时，在全国城市也广泛开展了以消烟除尘为主要内容的环境治理。为了研究污染的基本情况和对策，全国开始对一些影响较大的污染源进行详细调查。1973 年，"北京西郊环境质量评价研究"工作启动。这个工作首开先河，它不仅为北京城市发展、工业布局、污染防治提供了依据，也为全国环境保护工作起到了示范作用。国家计划委员会也组织多个单位共同研究蓟运河污染问题的对策，并陆续针对白洋淀、湖北鸭儿湖和渤海、黄海进行了调查。1974 年 10 月，国务院环境领导小组提出了"五年控制，十年基本解决污染问题"的奋斗目标后，一些省、自治区、直辖市和一些部门，按照这个目标开展环境调查，着手制定了本地区、本部门环境保护的长远规划。治理工作也有了一定成效。总的来看，中国环境保护工作有了一个初步的基础。

第一次全国环境保护会议的召开，不仅促进了民众环境保护意识的觉醒，起到了思想启蒙的作用，还推动了全国生态与环保工作的起步，奠定了生态建设的基础，在中国环境保护和生态建设史上具有重要的历史地位。

2.3 党的生态建设的主要特点

2.3.1 生态建设实践涉及多个方面

新中国成立初期，党和政府在领导现代化建设的过程中，根据中国经济社会发展的实际情况，制定了一些生态建设的文件和措施。这些措施除了涉及环境污染治理、土地土壤及矿藏保护、森林保护及环境绿化之外，还包括水源及水生生物保护、野生动物保护、劳动环境保护等生态建设的多个方面。

关于水源及水生生物保护。1955 年，国务院作出《关于渤海、黄海及东海机轮拖网渔业禁渔区的命令》，指出："为了保护我国沿海水产资源，维护人民的长远利益"[1]，特划定渤海、黄海及东海机轮拖网渔业禁渔区。1957 年7 月 12 日，水产部又作出《对渔轮侵入禁渔区的处理指示》，强调"禁渔区线是国家为了保护群众渔业和保护资源的政策法令，必须严肃对待，不容忽视"[2]。8 月 16 日，水产部又发出关于转知《国务院关于渤海、黄海及东海机轮拖网渔业禁渔区的命令的补充规定》，对相关情况作出进一步说明。发展水

---

[1] 中国环境科学研究院环境法研究所：《中华人民共和国环境保护研究文献选编》，法律出版社 1983 年版，第 295 页。

[2] 中国环境科学研究院环境法研究所：《中华人民共和国环境保护研究文献选编》，法律出版社 1983 年版，第 297 页。

运事业是综合利用水利资源的一个重要方面。1964 年 3 月，国务院发出《关于加强航道管理和养护工作的指示》，强调"为了保证航道畅通和航行安全，改善通航条件，提高通过能力，充分发挥水运在国民经济中应有的作用，必须认真加强对航道的管理和养护工作"①。1975 年，国务院环境领导小组转发水利部《关于水源保护工作情况和今后工作意见》，并指示"水源直接关系到亿万人民的生活和健康，关系到农业的生产和发展，关系到工业的生产和发展，是环境保护的一个主要方面，要引起足够的重视。要查清污染状况、污染源，并制定治理规划，纳入年度计划和长远规划"②。1972 年，又开展官厅水库水资源保护工作，开始进行北京西郊环境质量评价研究。1974 年开始天津蓟运河污染问题的研究和白洋淀污染情况的调查。1976 年开始组织鸭儿湖污染情况调查。1977 年着手进行大规模的渤海、黄海污染防治研究。此外，还有湘江、松花江等水域、水系的污染调查和治理。

关于珍贵野生动物保护。1959 年 2 月 12 日，对外文化联络委员会提交了一份《关于我国珍贵动物出口问题的请示报告》（以下简称《请示报告》）。《请示报告》指出：我国山林里生长着极丰富的野生动物，其中许多珍贵动物都是国家的宝贵财富。但由于缺乏严密的管理，这些珍贵的动物在逐渐减少。其中如大熊猫、金丝猴、蒙古野马、大象等重要品种都快要灭绝了。"珍贵动物减少的主要原因，固然是由于缺乏保护、繁殖的积极措施，但是大量捕捉、任意出口，也是一个重要原因"。因此，《请示报告》提出，"对于我国各种稀有动物，除了应该加强保护和采取繁殖措施外，出口数量也必须予以控制"③。4 月 1 日，国务院批转了《请示报告》，并作出指示，"为了使我国各种珍贵动物不至于减少和灭绝，除出口数量应该严格予以控制外，对于这些动物的

① 中国环境科学研究院环境法研究所：《中华人民共和国环境保护研究文献选编》，法律出版社 1983 年版，第 300 页。
② 中国环境科学研究院环境法研究所：《中华人民共和国环境保护研究文献选编》，法律出版社 1983 年版，第 304 页。
③ 中国环境科学研究院环境法研究所：《中华人民共和国环境保护研究文献选编》，法律出版社 1983 年版，第 317 页。

保护和繁殖，林业部和各省、自治区、直辖市还应该采取积极有效的措施"①。1962 年 5 月 11 日，林业部在作出的《关于国营林场经营管理狩猎事业的几项规定》（以下简称《规定》）中指出：国营林场应本着"以林为主、多种经营"的精神，要"认真贯彻（'加强资源保护'、积极繁殖饲养、合理猎取利用）的护、养、猎并举的方针，切实经营管理好林区野生鸟兽资源，积极发展狩猎事业"。②《规定》还指出：关于珍贵和有益鸟兽的保护；禁止使用危害人畜安全和破坏资源的狩猎工具和方法；林场对外来人员狩猎的管理和提成等问题，是一项群众性的工作，涉及面广。建议专署或县（市）人民委员会发布布告，以便众所周知、共同遵守，并有利于林场开展工作。1962 年 9 月 14 日，国务院发出《关于积极保护和合理利用野生动物资源的指示》（以下简称《指示》）。其实，早在 1958 年，国务院就决定将狩猎事业交由林业部门统一管理。几年间，林业部门在这方面作了许多工作，取得了一些成绩。但是，目前各地主管这一工作的部门意见很不一致，做法也不一致，以致在工作中造成了一定混乱和困难。有些地区已经开始注意保护和合理利用野生动物资源的问题，但由于这是一项新的工作，所以还未普遍重视起来。不少地区对于野生动物偏重于猎取，不注意保护，甚至把许多不应该列为害鸟、害兽的，也被加以消灭。《指示》提到野生动物资源遭到严重破坏的情况。如青海省玛多县，在 1960 年就猎取野驴六千九百多头，使过去因野驴多而闻名的"野马滩"（俗称野驴为野马）变为无马滩；内蒙古地区，1959 年至 1960 年，由于武装部队进入草原猎杀黄羊，使许多成百上千的黄羊大群，变成了几头至几十头的小群，有些地区小群也很难见到。许多地区猎杀麝、鹿不是为了获取麝香和鹿茸，而是为了吃肉。1960 年仅四川一省就猎杀麝、鹿六万两千多头。其次，乱捕滥猎珍贵稀有动物的情况，在一些地区仍然严重。1959 年，陕西秦岭地区一次就

---

① 中国环境科学研究院环境法研究所：《中华人民共和国环境保护研究文献选编》，法律出版社 1983 年版，第 316 页。

② 中国环境科学研究院环境法研究所：《中华人民共和国环境保护研究文献选编》，法律出版社 1983 年版，第 321 页。

捕杀金丝猴数百只。1960 年至 1962 年，云南西双版纳地区仅有的数群野象，也先后被杀了四只，猎杀东北虎、梅花鹿、大熊猫、孔雀等珍贵动物的行为也未被杜绝。为此，国务院在《指示》中强调，"野生动物资源是国家的自然财富，各级人民委员会必须切实保护，在保护的基础上加以合理利用"。《指示》还强调，"保护和合理利用野生动物资源，是一项新的群众性的工作，各地在做好组织管理工作的同时还必须做好宣传教育工作，充分利用报纸、杂志、广播电台、宣传画等形式，广泛开展宣传活动。教育部门应该在各级学校的生物学课程中，适当增添保护野生动物资源的内容，使得广大群众都能了解保护和合理利用野生动物资源的重要意义"①。

关于劳动环境保护类。为了改善工厂劳动条件，保护工人、职员的安全和健康，保证劳动生产率的提高，国务院全体会议于 1956 年 5 月 25 日通过的《工厂安全卫生规程》，就厂院、工作场所、机械设备、电器设备、锅炉和气瓶以及气体、粉尘和危险物品，还有供水、生产辅助设备、个人防护用品等方面的安全卫生情况作出了详细而明确的规定。同日，为了消除厂、矿企业中矽尘的危害，保护工人、职员的安全和健康，国务院全体会议又作出《关于防止厂、矿企业中矽尘危害的决定》。为了防止矿山及其他岩石开凿工程中矽尘的危害，卫生部、劳动部于 1958 年 3 月 19 日根据国务院《关于防止厂、矿企业中矽尘危害的决定》，联合发布《矿山防止矽尘危害技术措施暂行办法》和《工厂防止矽尘危害技术措施暂行办法》。1973 年 10 月 30 日，国家计划委员会制定《关于防止企业中矽尘和有毒物质危害的规划》，要求"各地区、部门、单位，应力争在三、五年内解决矽尘和有毒物质对职工的危害"②，还就防止危害的措施、编制与落实改善劳动条件计划、加强领导和管理等提出了明确要求。

---

① 中国环境科学研究院环境法研究所：《中华人民共和国环境保护研究文献选编》，法律出版社 1983 年版，第 326 页。
② 中国环境科学研究院环境法研究所：《中华人民共和国环境保护研究文献选编》，法律出版社 1983 年版，第 433 页。

以上这些措施，是党在领导中国现代化的实践中制定的。这些措施不仅体现了中国要努力处理好经济建设与环境、资源的关系，还体现了经济建设要为人们创造一个良好的生活环境服务，要与劳动者的身体健康紧密结合。以第一次全国环境保护会议为起点，中国开始从上至下地开展生态建设工作，上述的这些措施在实践中得到进一步发展，为党以后的生态建设发展奠定了重要基础。

2.3.2　生态建设进入国家决策层面

70 年代初，随着全国范围内环境保护工作的起步，党和中央政府开始从国家决策层面规划生态建设工作。1973 年召开的第一次全国环境保护会议提出"三十二字"环境保护方针，摆在首位的就是"全面规划"。1974 年国务院环境保护领导小组成立后，为了逐步控制生态环境恶化的趋势并逐渐改善生态质量，国务院环境保护领导小组针对影响社会经济发展的主要环境问题，在三年内连续下发了几个关于环境规划工作的通知：《环境保护规划要点》（1974 年）、《关于环境保护的 10 年规划意见》（1975 年）、《关于编制环境保护长远规划的通知》（1976 年）。

1.《环境保护规划要点》

1974 年，国务院环境领导小组成立不久，即向各省、自治区、直辖市发出通知指出，生态环境保护与改善，不仅关系人民健康和巩固工农联盟，还关系到工农业生产的发展。《环境保护规划要点》的主要内容包括水系、城市、企业、科研、食品、农药、监测等方面，强调认真做好环境保护工作，对于社会主义事业的长远发展有着重要影响。因此，必须按照"统筹兼顾，适当安排"的方针，在充分发挥社会主义优越性的基础上，认真做好生态环境保护的长短期规划。

2.《关于环境保护的 10 年规划意见》

1975 年 5 月 18 日，国务院环境领导小组将《关于环境保护的 10 年规划意见》及附件《1976—1980 年对有关方面环境保护的要求》印发各省、市、自治区及国务院各部门参照试行。国务院环境领导小组在印发《关于环境保护的 10 年规划意见》的通知中指出：努力实现在十年内基本解决环境污染这项重大任务。环境污染与工矿企业不适当地排放"三废"密切相关，对此，《关于环境保护的 10 年规划意见》提出的相应解决办法，主要包括：积极治理、逐步消除现有工矿企业的污染；工业项目在新建、扩建、改建的同时，必须采取防治造成新污染的措施；工业合理布局必须符合环境保护要求。同时要求各地区和各部门必须"统筹兼顾，适当安排"，把环境保护纳入到国民经济长远规划及各个年度计划中。

3.《关于编制环境保护长远规划的通知》

1976 年，国家计划委员会和国务院环境保护领导小组联合下发《关于编制环境保护长远规划的通知》，提出按照 5 年内控制、10 年内基本解决环境污染问题的要求，"五五"期间应实现下述目标：一是大中型工矿企业和严重污染环境的中小型企业，都要做好"三废"治理，做到按照国家规定的标准排放"三废"；二是在第一次全国环境保护会议上确定的京、津、沪等 18 个环境保护重点城市，要大力消除污染，做出显著成绩；三是渤海、长江、黄河、淮河、松花江、鸭绿江、珠江等水系和主要港口的污染要得到控制，使之有所改善。同时指出，为了有计划地逐步解决环境污染问题，各地区、各有关部门要认真贯彻执行党中央关于环境保护方面的指示，参照国务院环境领导小组 1975 年 5 月 18 日《关于环境保护的 10 年规划意见》，结合本地区、本部门的实际情况，在 1976 年编制出环境保护的 10 年规划，重点搞好"五五"规划。从 1977 年起，切实把环境保护纳入国民经济的长远计划。

上述国务院环境保护领导小组发出的 3 个生态建设规划文件，提出了一些生态管理的措施，对于全国生态建设的深入发展起到了积极的推动作用。此间，除了上述 3 个规划文件外，党和中央政府于 1975 年 5 月制定的《环境保护十年规划和"五五"（1976—1980）计划》，也明确要求各地各部门把环境保护纳入国民经济和社会发展计划。1976 年 5 月 11 日，党中央、国务院批准了国家计委、国家建委、国务院环境保护领导小组《关于加强环境保护工作的报告》。报告不仅汇报了环境保护工作情况，还提出了"五五"期间环境保护的主要任务和主要措施。尤其是报告提出的"要把环境保护切实纳入国民经济计划"的措施再次得到党中央和国务院的肯定。

在党和国家关于生态建设的决策和规划的指导下，全国的生态建设在一些方面取得了一定的成绩。

首先是"限期治理"制度初步形成。1973 年 8 月，国家计划委员会在上报国务院的《关于全国环境保护会议情况的报告》中明确提出："对污染严重的城镇、工矿企业、江河湖泊和海湾，要一个一个地提出具体措施，限期治理好。"① 这有效奠定了"限期治理"制度的基础。全国各地以不同的方式实行限期治理制度。如，有的以下达治理计划或以下达限期治理通知的形式，要求相关责任单位对生态环境破坏的责任在规定的时间内得以落实。1978 年10 月 17 日，国务院环境领导小组提出了一批严重污染环境的重点工矿企业名单，并正式下达限期治理通知。这批限期治理的项目涉及 7 个部门，167家企业，227 个重点项目。② 这些限期治理的措施有效控制了工业污染排放，污染防治工作也有了实质性的发展。

其次，就是重点开展"综合利用"的同时，积极探索防治"三废"对策。1973 年 11 月 17 日，中国颁布《工业"三废"排放试行标准》。这是中国历史上第一个环境保护标准。这个标准在中国工业企业生态建设工作中发挥了极其重要的作用。1974 年 4 月，国家计委、国家建委、财政部和国务院环境保护领导小组联合颁布《关于治理工业"三废"，开展综合利用的几项规定》，从 12 个方面提出了企业污染的防治要求。

此外，还提出具有中国生态建设特色的"三同时"制度。1973 年 11 月，国务院批转的《关于保护和改善环境的若干规定（试行草案）》中规定:新建、扩建和改建企业，其防治污染项目必须与主体工程同时设计、同时施工、同

---

① 曲格平:《环境觉醒——人类环境会议和中国第一次环境保护会议》，中国环境科学出版社2010 年版，第 309 页。
② 《改革开放中的中国环境保护事业 30 年》编委会:《改革开放中的中国环境保护事业 30 年》，中国环境科学出版社 2010 年版，第 17 页。

时投产。这项规定是"三同时"制度的起源。"三同时"制度与其后的环境影响评价制度，有效地防治了新污染，促进了生态环境与经济社会的协调发展。

总之，中国的生态环境建设是在特定的历史条件和社会经济背景下产生和发展的。中国生态环境建设虽然是在70年代已进入国家决策层面，但当时正处在政治动乱、经济停滞和闭关自守的状态之中。而"五五"期间也正值"十年动乱"结束的后五年，国家亟待解决的大事是安定团结，恢复经济，不可能拿出更多的钱来治理工业污染，也没有精力强化生态建设的工作。在这样一种形势下开展生态建设工作的困难是可想而知的，再加上缺乏相关经验，当时只是由国家拨款进行了一些公众反映强烈的环境污染治理工作。国务院环境保护领导小组发出的3个环境规划文件提出的"五年控制，十年解决"环境问题的目标，反映了当时国家急于治理污染的决心和良好愿望。但是，由于低估了环境污染的复杂性、治理环境的艰巨性和解决环境问题的长期性，最终，这种治理无法阻止整体环境状况的不断恶化，全国一些地方出现了"老的污染欠账未还，新的污染又欠下新账"的局面。到70年代末，经济并不发达的中国已经成为世界上工业污染"三废"排放最多的国家之一。尽管如此，从新中国成立到改革开放之前，中国的生态建设实践为党的生态建设理论的形成和发展，奠定了重要的基础。

第3章

改革开放和社会主义现代化建设新时期党的生态文明建设理论与实践（上）：改革开放初步探索与理论起步

1978 年，党的十一届三中全会把党和国家的工作重心转移到社会主义现代化建设上来，实现了党的历史上具有深远意义的转折。这一转折推动了中国社会各界突破思想藩篱，从而推动了各项事业推向前进。同时，这一转折也使中国的生态建设进入新的发展时期。从 1978 年党的十一届三中全会到 1991 年，是党的生态建设理论的起步时期。

3.1 改革开放初期中国严峻的生态形势

新中国成立以后，中国在生态建设方面做了大量工作。但是，直到改革开放初期，由于土地开发历史悠久、生态破坏时间长，加上人口众多、经济薄弱以及工作上的失误等原因，中国环境恶化和自然资源破坏问题仍然十分严重。

3.1.1 生态压力加剧

自 1973 年第一次全国环境保护工作会议以后，中国的生态建设逐渐开展起来。但由于没有及时总结经验并采取措施，中国的生态环境问题不断地发展。主要表现有：

1. 工业"三废"污染日趋严重

由于对生态建设问题缺乏认识以及经济工作中的失误，生产建设和生态环境之间的比例愈发失调。1978 年 12 月，国务院环境保护领导小组在《环境保护工作汇报要点》中指出，"中国工业和窑炉每天排入大气的烟尘有一千四百万吨，二氧化硫一千五百多万吨，是世界上排放量最多的国家之一。全国每天排放工业污水四千万吨左右，其中百分之九十以上未经处理就直接或间接排入江河湖海。全国每年排放各种工业废渣达二亿多吨以上，大部分丢弃未用。全国火力发电每年有一千多万吨粉尘直接排入江河。全国历年来积存的钢渣达二亿多吨，煤矸石十亿多吨"[1]。依据当时国家的有关规定，"空气中的降尘量是每月每平方公里六至八吨"，但"据几个主要城市测定，每月每平方公里降尘量有一百七十三吨、五百五十一吨，甚至高达一千多吨，超过国家标准二十几倍"。[2] 以北京为例，此前的几年间，虽然采取了一些消烟除尘措施，但是，"全市每年仍排放烟尘四十多万吨，二氧化硫十多万吨。石景山工业区降尘量每月超标二十多倍，二氧化硫超标十几倍"[3]。另外，长江、黄河、淮河等 27 条主要河流都在不同程度上受到了污染；渤海海水中含油量，1976 年比 1974 年也增加了 4 倍，莱州湾、渤海湾含油量增加了 11 倍。依据对全国 44 个城市地下水的调查，受到不同程度污染的有 41 个城市，其中比较严重的有北京、西安、沈阳、太原、包头、锦州、保定、长春、吉林等城市。工业"三废"造成的污染，不仅对工业生产本身危害很大，腐蚀厂房、设备、管道，影响产品质量，增加产品成本，还使得许多大中城市的空气和江河湖海的水质污染日趋严重，对农业和渔业危害也很大。例如，江西大余县，由

---

① 国家环境保护总局、中共中央文献研究室：《新时期环境保护重要文献选编》，中央文献出版社、中国环境科学出版社 2001 年版，第 5—6 页。

② 国家环境保护总局、中共中央文献研究室：《新时期环境保护重要文献选编》，中央文献出版社、中国环境科学出版社 2001 年版，第 6 页。

③ 国家环境保护总局、中共中央文献研究室：《新时期环境保护重要文献选编》，中央文献出版社、中国环境科学出版社 2001 年版，第 6 页。

于 4 个钨矿和 1 个钴冶炼厂排放"三废"的影响，使全县 10 万亩农田受害。黑龙江鸡西发电厂等 3 个厂排放"三废"，使 22 万亩农田减产或绝产。江河湖海受污染后，还破坏了水产资源。据水产部门统计，中国自然江河鱼产量由过去每年的 60 多万吨，下降为 30 多万吨，污染是一条重要原因。[1]

2. 农药污染日趋严重

全国用于农业生产的"六六六"农药，每年生产 20 多万吨，而真正有效的杀虫成分只占 14%，其余 86% 逸散在自然环境中，污染了城市、江河，也污染了土壤和食品。据河南新乡、洛阳、开封 3 个地区测定。粮食中"六六六"含量超标 1.9 倍，烟叶中含量超标 10.8 倍，甚至母乳中含量也超标 2 倍。[2]这些污染不仅危害人体健康，也影响了出口。

此外，部分地区不适当地进行围田造湖、开垦草原、毁林开荒、开采占用自然保护区、风景区，滥捕、滥采野生动植物资源等活动，干扰破坏了生态平衡和自然环境，对农、林、牧、副、渔业的发展已经造成并将继续造成严重危害。

073

上述这些日趋严重的生态形势，不仅对工农业生产造成极大的负面作用，还危害了广大人民群众的身体健康。例如，"据劳动、卫生部门对百分之五十二的接触矽尘作业工人体检，患矽肺、尘肺病者有十九万三千人"[3]。又如，内蒙古的包头、巴盟地区，由于包钢等企业排放大量含氟废气，使大气、水源、牧草和农作物受到严重污染，附近"四个旗县的三十七个公社、一万零七百八十平方公里的面积、一百多万人口和一百多万牲畜都受到危害"[4]。全国还有许多地区的农村，长期饮用被污染的水、呼吸污染的空气，发病率显

---

[1]　国家环境保护总局、中共中央文献研究室：《新时期环境保护重要文献选编》，中央文献出版社、中国环境科学出版社 2001 年版，第 7-8 页。

[2]　国家环境保护总局、中共中央文献研究室：《新时期环境保护重要文献选编》，中央文献出版社、中国环境科学出版社 2001 年版，第 6-7 页。

[3]　国家环境保护总局、中共中央文献研究室：《新时期环境保护重要文献选编》，中央文献出版社、中国环境科学出版社 2001 年版，第 7 页。

[4]　国家环境保护总局、中共中央文献研究室：《新时期环境保护重要文献选编》，中央文献出版社、中国环境科学出版社 2001 年版，第 7 页。

著提高，婴儿畸形增多，致使群众焦虑不安。生态环境破坏长期得不到解决，引起群众的强烈不满。一些地方经常发生围厂、砸厂、殴斗、堵下水道而迫使工厂停产的事件。这些影响了党群关系、工农关系，挫伤了广大群众的建设社会主义的积极性。对此，党中央强调，我国的环境污染在发展，有些地区达到了严重的程度，影响了广大人民的劳动、工作、学习和生活，危害人民群众健康和工农业生产的发展，群众反映强烈。我国的工业基础还很薄弱，污染已如此严重，实现发展国民经济生产规划纲要，工业和其他事业有了较大发展之后，那样将成为什么样子呢？我们不能在公害到了不可收拾的地步才去抓这个问题，现在就要高度重视，并且要认真去抓。[①]

3.1.2　经济发展与新的生态压力

改革开放初，随着中国人口增长和现代化工业发展，造成环境污染的有害物质也大量增加，还有局部地区人为造成的对自然生态环境的损害。80年代初，我国环境的污染和自然资源、生态平衡的破坏已相当严重，影响人民生活，妨碍生产建设，成为国民经济发展中的一个突出问题。必须认识到，保护环境是全国人民的根本利益所在。[②]1981年2月24日，国务院在《关于在国民经济调整时期加强环境保护工作的决定》中指出，在国民经济调整时期，要根据中央关于在经济上进一步的调整、在政治上实现进一步的安定的重大方针，千方百计地把这项工作做好，并特别规定，在严格防止新污染的同时，努力解决问题突出的污染，并努力制止破坏自然环境的事件等。[③]但是，随着改革开放事业逐步展开，中国生态建设面临新的压力。1982年，党的十二大提出促进社会主义经济建设全面高涨的历史任务。为此，中共中央在《关于制定国民经济和社会发展第七个五年计划的建议》中，指出"七五"

---

① 国家环境保护总局、中共中央文献研究室：《新时期环境保护重要文献选编》，中央文献出版社、中国环境科学出版社2001年版，第2页。

② 国家环境保护总局、中共中央文献研究室：《新时期环境保护重要文献选编》，中央文献出版社、中国环境科学出版社2001年版，第65页。

③ 国家环境保护总局、中共中央文献研究室：《新时期环境保护重要文献选编》，中央文献出版社、中国环境科学出版社2001年版，第65—70页。

期间经济和社会发展的主要目标为：奠定中国特色社会主义经济体制基础，使 1990 年的工农业生产总产值和国民生产总值比 1980 年翻一番或更多一些。此后，党中央又提出在 20 世纪末实现国民经济再翻一番的发展目标。在此过程中，中国社会工业化和城市化的发展，又产生了日益严重的城市环境问题。80 年代的一项调查研究结果表明，中国仅仅因环境污染所造成的经济损失就达到占工农业总产值的 14%（当时没有以 GNP 计国民生产总值）。[①] 在此情况下，如果不能有效地控制环境污染和自然生态破坏，中国现代化宏伟蓝图就难以实现。因此，中国不能走发达国家走过的"先污染、后治理"的道路。因为那样将会使人口众多、工业规模庞大的中国付出巨大的经济和社会代价，给后代留下难以估计的"环境赤字"。同样，中国也无法选择发达国家现行的"高投入、高技术"控制环境问题的模式，因为当时的中国无论是经济发展水平还是科技实力都还比较差。属于发展中国家的中国，在生态建设方面也不能照搬发达国家模式。如果那样，中国的经济发展速度就会放缓，生态建设工作也将会失去长久的物质支持能力。为了实现党在 80 年代提出的促进社会主义经济建设全面高涨的任务，必须保障生态建设和经济建设协调发展，使生态状况同国民经济发展以及人民物质文化生活水平的提高相适应。

　　以上的情况说明，改革开放初期中国的生态建设面临的形势是严峻的。生态环境和自然资源不仅是人民赖以生存的基本条件，也是发展生产、繁荣经济的物质源泉，因此，中国既要搞好现代化的经济建设，改善当代人民生活，又必须保护好生态环境，要为后代留下良好的生态条件。这是中国改革开放和现代化建设事业必须面对的挑战。

3.2　生态建设的过程和内容

　　1976 年，中国结束了十年"文化大革命"的浩劫。但是由于受到此前"左"的错误的影响，生产建设和生态建设比例失调的状况依然严重。鉴于生态问

---

① 曲格平：《梦想与期待：中国环境保护的过去与未来》，中国环境科学出版社 2000 年版，第 52 页。

题的不断发展，党和国家领导人从 1978 年起明确提出，保护环境是社会主义现代化建设的重要组成部分并作出了一系列相应的指示和决定，党的生态建设开始起步，中国的生态建设迎来新的曙光。

3.2.1 党的生态建设战略明确化与环境保护基本国策确立

中国发展经济和建设现代化，最根本的目的是国家富强和人民幸福。改革开放后，党一直重视和强调生态建设问题。在 1978 年 12 月召开的中共中央工作会议上，邓小平就提出"应该制定环境保护法"。[①] 同年 12 月，中共中央在批转《环境保护工作汇报要点》的通知中强调："消除污染、保护环境，是进行经济建设、实现四个现代化的一个重要组成部分。各级党委、各级领导部门都应主动去抓这项工作，不能看作是额外负担，也不是可抓可不抓的小事情，而是非抓不可的一件大事情"；"我们正在进行大规模的经济建设，我们决不能走先建设、后治理的弯路，我们要在建设的同时就解决环境污染的问题。"[②] 这是中国共产党第一次以党中央的名义对中国生态建设工作作出的指示。由于这一指示在各级党组织中受到了重视，因而在实际工作中它推动了中国生态建设事业的发展。1979 年 1 月，邓小平又提出"要保护风景区的生态环境"。[③] 1981 年 7—8 月间四川省发生了特大水灾。这次水灾是连续两次大暴雨后山洪暴发、江水陡涨造成的，波及 135 个县、市，1185 个场镇、2600 多个工厂企业和 1250 多万亩农作物受淹，直接造成的经济损失达 20 多亿元。究其原因，主要是长江上游山区过量采伐毁林开垦和森林，严重破坏了这一区域的生态平衡。因此，邓小平提出"全民义务植树，保护和发展森林资源"的倡议。[④] 1982 年 11 月，邓小平又谈到，要在黄土高原"先种草后

---

① 国家环境保护总局、中共中央文献研究室：《新时期环境保护重要文献选编》，中央文献出版社、中国环境科学出版社 2001 年版，第 1 页。

② 国家环境保护总局、中共中央文献研究室：《新时期环境保护重要文献选编》，中央文献出版社、中国环境科学出版社 2001 年版，第 2 页。

③ 国家环境保护总局、中共中央文献研究室：《新时期环境保护重要文献选编》，中央文献出版社、中国环境科学出版社 2001 年版，第 19 页。

④ 国家环境保护总局、中共中央文献研究室：《新时期环境保护重要文献选编》，中央文献出版社、中国环境科学出版社 2001 年版，第 28 页。

种树，把黄土高原变成草原和牧区，就会给人们带来好处，人们就会富裕起来，生态环境也会发生很好的变化"①。他还强调，"保护环境要靠科学"②。这年 11 月，邓小平在为全军植树造林总结经验表彰先进大会上题词："植树造林，绿化祖国，造福后代。" 1982 年 12 月 26 日，邓小平在开展全民义务植树运动情况的报告上批示："这件事，要坚持二十年，一年比一年好，一年比一年扎实。为了保证实效，应有切实可行的检查和奖惩制度。" 1983 年 3 月 20 日，邓小平在北京十三陵水库参加义务植树时谈道："植树造林，绿化祖国，建设社会主义、造福子孙后代的伟大事业，要坚持一百年，坚持一千年，要一代一代永远干下去。"③ 党和国家领导人的指示，为中国生态建设奠定了重要基础。

为了贯彻实施党关于生态建设的精神，1980 年 3 月 5 日，中共中央、国务院在《关于大力开展植树造林的指示》中，强调：植树造林是根本的农业基本建设，林业不发展，农业过不了关；绿化对于防治空气污染、美化环境以及增强人民身心健康都意义重大。因此，必须动员全国各族人民，大力植树造林，从根本上改变中国的自然面貌。④ 1981 年 2 月 24 日，《国务院关于在国民经济调整时期加强环境保护工作的决定》指出："必须认识到，保护环境是全国人民的根本利益所在。在国民经济调整时期，要根据中央关于在经济上实行进一步的调整、在政治上实现进一步的安定的重大方针，结合经济调整的实现政策措施，认真贯彻执行《中华人民共和国环境保护法（试行）》，以积极的态度，千方百计把这项工作做好。"⑤ 1981 年 12 月 13 日，第五届全

① 国家环境保护总局、中共中央文献研究室：《新时期环境保护重要文献选编》，中央文献出版社、中国环境科学出版社 2001 年版，第 33 页。

② 国家环境保护总局、中共中央文献研究室：《新时期环境保护重要文献选编》，中央文献出版社、中国环境科学出版社 2001 年版，第 34 页。

③ 国家环境保护总局、中共中央文献研究室：《新时期环境保护重要文献选编》，中央文献出版社、中国环境科学出版社 2001 年版，第 39 页。

④ 中国环境科学研究院环境法研究所：《中华人民共和国环境保护研究文献选编》，法律出版社 1983 年版，第 253 页。

⑤ 国家环境保护总局、中共中央文献研究室：《新时期环境保护重要文献选编》，中央文献出版社、中国环境科学出版社 2001 年版，第 20 页。

国人民代表大会作出《关于开展全民义务植树运动的决议》指出，植树造林，绿化祖国，是建设社会主义，造福子孙后代的伟大事业，是治理山河，维护和改善生态环境的一项重大战略措施。①

为了总结过去 10 年环境保护的工作经验，进一步推动在改革开放中的生态建设事业，中国准备于 1983 年召开第二次全国环境保护会议。在筹备全国环境保护会议起草工作报告时，报告起草小组的成员曾提议把环境保护确立为一项基本国策。但在征求意见的过程中，不赞成的声音很大，有的说环境保护不具有基本国策的地位，不能这样任意拔高；有的甚至讥讽说是异想天开、可笑、不自量力。不过，当时城乡建设环境保护部部长李锡铭表示支持。趁请示召开第二次全国环境保护会议之机，曲格平向当时主管国务院常务工作的副总理万里汇报了环境污染和自然生态破坏的情况，并且提出了基本国策的思路。当万里听到环境污染造成的经济损失已达到占工农业生产总值的 14% 时②，感到很震惊。他说，环境问题已经成为现代化建设中的突出问题，如果不能有效地阻止事态的发展，经济建设就难以顺利进行。因此，环境保护也应作为一项基本国策，必须摆上重要议事日程，认真加以对待。由于得到万里的坚决支持，"环境保护是我国的一项基本国策"这句话加进了第二次全国环境保护会议的报告中。第二次环境保护会议的报告中正式宣布：保护环境是我国的一项基本国策，这是根据我国的具体国情，把环境保护列为对国家经济建设、社会发展和人民生活具有全局性、长期性影响的一个重大问题。这项基本国策一宣布，就在社会上引起了强烈反响，环境保护在国民心目中的地位显著提高了。后来的实践表明：这项基本国策的确立，既奠定了环境保护和生态建设在我国经济社会发展中的战略地位，也说明党和国家领导人对环境保护和生态建设的高度重视。

---

① 中国环境科学研究院环境法研究所：《中华人民共和国环境保护研究文献选编》，法律出版社 1983 年版，第 289 页。

② 曲格平：《梦想与期待：中国环境保护的过去与未来》，中国环境科学出版社 2000 年版，第 72 页。

　　党和国家把环境保护提升到基本国策的高度，是由于生态环境保护关乎国家发展、民族振兴及社会安定，关系到中国现代化的全局与长远发展。中国不仅人口众多，人均资源占有量还很少，同时生态环境负荷很大。随着改革开放的发展，中国的资源不断被浪费和破坏，环境污染日益严重。因此，必须把环境保护放在基本国策的高度来处理。① 正如万里在会议上所强调：环境保护是一项基本国策，是一件关系到子孙后代的大事。到本世纪末，我们的经济上要翻两番，达到小康水平。如果那时空气和水污染得一塌糊涂，噪声更加厉害，水土流失比现在更严重，那就谈不上是什么现代化的国家了。② 他还指出，如果环境保护不好，不仅会影响到经济发展，还会直接危害到当代人民的健康和子孙后代的健康；我们要进行现代化建设，不发展经济不行，而发展经济，不改善生态环境也不行。这就要求对我们赖以生存的环境实行严格的科学管理。③ 另一位国务院领导人在国务院环境保护委员会第一次会议上也作了这样解释："第二次全国环境保护会议确定环境保护是我国的一项基本国策，这是因为我们建设社会主义的目的，是为了不断提高人民的物质和文化水平。如果我们一方面把生产搞上去了，另一方面却把环境污染了，危害了人民的健康和人类的生存，这就与我们建设社会主义的根本目的背道而驰。很多资本主义国家走先污染后治理的道路。我们不能走这条道路。因为我们是社会主义国家，是为人民服务的，有条件在经济建设的同时防治环境污染和破坏。"④

　　第二次全国环境保护会议除明确环境保护是中国的一项基本国策外，还制定了环境保护总方针、总政策，即经济建设、城乡建设、环境建设，同步规划、

079

①　国家环境保护局：《第三次全国环境保护会议文件汇编》，中国环境科学出版社 1989 年版，第 22 页。

②　国家环境保护总局、中共中央文献研究室：《新时期环境保护重要文献选编》，中央文献出版社、中国环境科学出版社 2001 年版，第 43 页。

③　国家环境保护总局、中共中央文献研究室：《新时期环境保护重要文献选编》，中央文献出版社、中国环境科学出版社 2001 年版，第 41 页。

④　国家环境保护总局、中共中央文献研究室：《新时期环境保护重要文献选编》，中央文献出版社、中国环境科学出版社 2001 年版，第 51 页。

同步实施、同步发展，实现经济效益、社会效益和环境效益相统一。会议还提出要将强化环境管理作为环境保护工作的中心环节，长期坚持抓住不放。在上述方针的指引下，经过各级政府和广大人民群众以及环境保护工作者的共同努力，中国的环境保护作为基本国策在许多方面有了明显的进展。[①] 对此，国务院领导人评价说，"第二次全国环境保护会议肯定的两条原则是正确的。一条是对现有污染源，实行'谁污染，谁治理'的原则，哪一个工厂，哪一个企业，哪一个单位造成了污染，原则上都应由哪个单位进行治理，主管部门也应该拿出钱来治理；第二条是对新建项目采取'三同时'的方针，即环境保护设施要和生产设施同时设计、同时施工、同时投产。实行这两条原则，解决老的污染就有了措施，防止新的污染也有了措施。把住这两道关，我们的环境保护工作就可以开展起来，就可以收到实效"[②]。第二次环境保护会议以后，中国的环境保护工作取得一定的成绩。各省、自治区、直辖市，国家各有关部门认真贯彻执行了第二次环境保护会议精神，加强了环境保护管理，充实了机构，增加了人员。第二次环境会议还特别强调，要切切实实在 1984 年办几件环境保护的事。会后，不少地区这样办了，并初步取得一些经验。例如，北京总结了 3 条经验：领导重视，亲自抓环保，便于协调和解决各方矛盾；发动群众，分片包干，采取了各方集资、劳务投资的办法，取得了花钱少、收效快的效果；发挥环境保护机构的监督作用，该罚就罚，该管就管。冶金部的经验是重点抓治气、治尘、治水、治渣四个方面。天津迈的步子比较大，特别是在解决消烟除尘问题方面有一套综合措施。[③]

随着改革开放事业不断发展，生态建设的重要性日益显现。1982 年 12 月，五届全国人大四次会议把维护生态平衡作为经济发展十条方针之一，并

---

① 国家环境保护局：《第三次全国环境保护会议文件汇编》，中国环境科学出版社 1989 年版，第 22 页。

② 国家环境保护总局、中共中央文献研究室：《新时期环境保护重要文献选编》，中央文献出版社、中国环境科学出版社 2001 年版，第 51 页。

③ 国家环境保护总局、中共中央文献研究室：《新时期环境保护重要文献选编》，中央文献出版社、中国环境科学出版社 2001 年版，第 48 页。

在"六五"计划中提出：防止环境污染加剧、重点地区环境有所改善。在"六五"计划中还将环境保护单独列出了一章，规定了其目标、任务和重点工作，以及实现目标和任务的措施。这是中国首次将环境保护纳入国民经济和社会发展计划。生态建设进入国民经济和社会发展计划，为改革开放初期中国经济社会健康发展起到了重要作用。

环境保护基本国策地位确立后，1984年5月8日，国务院发布的《关于环境保护工作的决定》，主要内容有：①成立国务院环境保护委员会。②国家计委、国家经委、国家科委负责做好国民经济、社会发展计划和生产建设、科学技术发展中的环保综合平衡工作；工交、农林水等有关部门以及军队，要负责做好本系统的污染防治和生态保护工作。③各省、自治区、直辖市人民政府，各市、县人民政府，必须安排1名人员专责环保工作。④新建、扩建、改建项目和技改项目，以及造成污染和破坏的工程建设、自然开发项目，必须严格执行防治生态破坏的相关规定。⑤对于经济效益差、污染严重的企业，环保部门要会同经济管理部门作出决定，坚决进行整治，必要时下决心关、停一批。⑥采取鼓励综合利用政策。⑦环保部门为建设监测系统、科研院所和学校及环境保护示范工程所需的基本建设投资，按计划管理体制，分别纳入中央和地方的投资计划①。

此后，1986年4月12日，第六届全国人民代表大会批准的《中华人民共和国国民经济和社会发展第七个五年计划》，就加强环境保护的任务和措施作出规定。其中，基本任务有：防治工业污染；保护江河、湖泊、水库和海洋的水质；保护重点城市环境；保护农村环境；保护和改善生态环境。相关主要措施有：继续实行谁污染谁治理的原则；实行"预防为主、防治结合、综合治理"的方针，鼓励资源的综合利用，限期淘汰污染严重的产品，坚决制止大城市向农村、大中型城市向小型企业转嫁污染；在原有重点监测站的基础上，建设和装备国家环境监测网络，各类城市也要基本建成环境监测网；

---

① 国家环境保护总局、中共中央文献研究室：《新时期环境保护重要文献选编》，中央文献出版社、中国环境科学出版社2001年版，第47页。

逐步建立与充实各级环境管理机构和科研机构，进一步完善环境法规和标准，并健全信息系统，加强统计工作；国家规定用于环境保护的各项资金，必须予以保证，并做到专款专用，不得挪用。[①]1990 年 12 月，中国共产党第十三届中央委员会第七次全体会议通过的《中共中央关于制定国民经济和社会发展十年规划和"八五"计划的建议》中再次明确指出，环境保护是一项基本国策，也是提高人民生活质量的一个重要方面，要实现"环境保护与国民经济和社会发展相协调"。[②]

从总体上看，第二次全国环境保护会议以后的几年时间，中国工业污染防治取得了很大成绩，城市环境综合整治初见成效，自然资源和农业环境的保护得到加强。生态建设与发展生产力发生矛盾，这在经济建设中是常遇到的。在改革开放初期，中国的经济技术条件还不可能彻底解决经济社会发展所带来的生态问题。但是，只要全国上下在发展经济的同时，认真贯彻环境保护基本国策，按照"全面规划，统筹安排"的要求，适当增加生态建设投入，并采取可靠的防治措施，就会达到减轻生态破坏，促进经济持续、健康发展的目标。

这一阶段的实践表明，第二次全国环境保护会议吸收了发达国家生态建设经验教训并结合本国国情，提出了把环境保护提升到基本国策的方针。可以看出，党和政府明确宣布环境保护是中国的一项基本国策，是在现代化发展战略高度上确定生态建设工作的指导方针，为处理发展经济与生态建设的关系指明了方向。这次会议对中国的环境保护和生态建设事业产生了深远影响。正是由于采取了正确的生态建设方针政策，中国才能在这一时期的改革开放事业快速发展中，避免了"经济翻番，环境污染也翻番"的严重后果。

---

① 国家环境保护总局、中共中央文献研究室：《新时期环境保护重要文献选编》，中央文献出版社、中国环境科学出版社 2001 年版，第 78 页。
② 郭德宏：《历史的跨越——中华人民共和国国民经济和社会发展"一五"至"十一五"规划要览（中卷）》，中共党史出版社 2006 年版，第 676 页。

3.2.2　党的生态建设实施与全国城市环境工作会议

第二次全国环境保护工作会议以后，虽然中国部分城市环境质量有所改善，但从宏观上说，污染程度还是很严重的，仍呈发展趋势。各主要城市环境的污染状况及变化趋势是：大气污染严重，且有进一步恶化的可能；水质污染较普遍，一些污染指标明显加重；噪声危害严重，尤其是老城市和中小城市矛盾更为突出；固体废弃物不断积累，污染日趋严重。究其原因，这些问题的产生不仅与现代工业生产方式和人们生活方式有关，而且与自然条件和社会经济状况有着密切的联系。如果搁下各个城市的自然条件不说，仅社会经济活动而言，宏观地看，造成环境质量变坏的原因，可以概括为：生产布局不合理，"三废"排放量大，资源、能源综合利用率低，污染治理投资比例偏低，经济建设和环境建设协调发展不够，等等。城市环境污染一直是人们普遍担心的问题。随着城市经济发展的不断提高，广大居民对城市生态环境质量的要求也日益强烈。

不仅如此，城市在中国的社会主义现代化建设中也起着举足轻重的作用。城市不仅是国家的经济、政治、科技及文化教育中心，还是工业和人口集中的地方。到 1985 年为止，"中国设市城市总人口约占全国总人口的 10%，社会商品零售总额却占全国的 60% 以上，固定资产原值占全国的 70% 以上，工业总产值和上缴利税占全国的 80% 以上，高等院校、科研单位及专业技术力量占全国的 90% 以上"[①]。可见，中国的经济、科学和文化教育事业的发展，都主要依赖于城市，并且以城市为基地，领导和带动整个国民经济和社会的发展。但是，长期以来，由于国家在指导思想上对城市生产和消费的理解过于片面，造成重视生产、不重视生活，重视产值、不重视生态建设。因而没有及时依城市的具体条件确定其规模及发展方向，造成了城市政企不分、城市布局不合理，"脏、乱、差"的现象普遍存在。这些都成为影响城市经济活动和社会安定、实现经济社会的现代化及获得较高经济效益的障碍。

083

---

① 国务院环境保护委员会办公室：《城市环境综合整治——全国城市环境保护工作会议文集》，中国环境科学出版社 1986 年版，第 12 页。

可以看出，城市生态环境是城市正常运转的物质基础，是保证中国经济发展和人民生活的基本条件。只有加强城市生态建设，为广大城市居民创造良好的工作和生活环境，才有助于城市经济社会的兴旺繁荣，使城市真正起到中心和主导作用，推动社会主义现代化的建设。

在启动改革开放的过程中，党一直重视和强调城市生态建设。1984 年 10 月 20 日，在中国共产党第十二届中央委员会第三次全体会议上通过的《中共中央关于经济体制改革的决定》中明确指出"城市政府应该集中力量做好城市规划、建设和管理，加强各种公用设施的建设，进行环境的综合整治"，还提出城市必须实行政企职责分开，简政放权，把进行城市环境的综合治理作为一项主要职责。1985 年 9 月 23 日，《中共中央关于制定国民经济和社会发展第七个五年计划的建议》（以下简称《"七五"计划的建议》）将"七五"期间经济和社会发展的主要奋斗目标定为"使 1990 年的工农业总产值和国民经济总产值比 1980 年翻一番或者更多一些，使城市居民的人均实际消费水平每一年递增百分之四至五，使人民生活质量、生活环境和居住条件都有进一步的改善"[1]。《"七五"计划的建议》提出，"改善生活环境"是提高人民生活质量的重要内容，"要加强对空气、水域、土壤污染和噪声等公害的监测和防治，加强自然灾害的预测和预防，注意环境保护"[2]，并指出，要加强对空气、水域、土壤污染和噪声等公害的监测和防治，注意环境保护，特别要使重点城市和旅游区的环境有显著改善，"应当根据我国实际情况，对城市发展的结构和布局进行合理的规划""坚决防止大城市过度膨胀，重点发展中小城市和城镇"[3]。中央的这些决定和建议，不仅指明了中国经济发展的方向，具有重大的现实意义和深远的历史意义，而且提出了城市生态环境工作的任务和应

---

① 全国人大财政经济委员会：《建国以来国民经济和社会发展五年计划重要文件汇编》，中国民主法制出版社 2008 年版，第 299 页。

② 全国人大财政经济委员会：《建国以来国民经济和社会发展五年计划重要文件汇编》，中国民主法制出版社 2008 年版，第 312 页。

③ 全国人大财政经济委员会：《建国以来国民经济和社会发展五年计划重要文件汇编》，中国民主法制出版社 2008 年版，第 304 页。

遵循的基本方针，充分体现了党中央对环境保护和生态建设的重视。

1985 年 10 月，国务院在洛阳召开了全国城市环境保护工作会议。会议的目的是把城市生态环境建设工作提到重要的议事日程上来，通过发动和组织各方面的力量，采取有效的政策和措施，逐步解决城市环境问题，不断提高城市环境质量，以适应城市经济发展和人民生活水平提高的需要。参加这次会议的有国务院环境保护委员会委员以及 100 多个城市市长、环保局局长和各省环保局局长，还特邀河南、黑龙江、吉林和江苏四省的省长或副省长，部分环境保护专家、学者参加。

这次城市环境工作会议不仅认真落实《中共中央关于经济体制改革的决定》和《"七五"计划的建议》的有关精神，研究讨论在城市经济体制改革中如何开展环境综合整治工作，还通过了《关于加强城市环境综合整治的决定》，这对于城市生态建设，从理论到实践都是一个新的飞跃。

会议首先强调了召开这次会议的重要性和必要性。由于随着城市经济体制改革的深入，中国环境保护工作也在不断地改革和转化，城市环境管理由过去的纵向型结构向开放型结构转化；环境治理也由部门、地区、行业单向治理发展到打破部门、地区、行业限制，从城市环境整体出发，进行综合整治，这是城市环境保护的发展趋势。虽然经过前一段时间的工作，中国城市环境治理取得了一定的成效，但是从总体上看，城市环境污染仍然是一个严重问题。国务院副总理在大会上传达了党中央、国务院关于加强城市综合整治的重要指示，重申了把环境保护作为一项基本国策贯彻应采取的重大措施，强调指出：城市不仅人口和工业集中，污染也很集中和严重，应作为污染防治和保护的重点，因此要加强城市综合整治。各级人民政府要为保护人民健康，促进经济发展负责，认真把环境建设和监督管理列入议事日程，抓紧办好。国务院环境保护委员会副主任赵维臣在会议上也指出："我国的经济、科学和文化教育事业的发展，都主要依赖于城市，并且以城市为基础，领导和带动整个国民经济和社会发展。"①城乡建设部副部长廉仲在会上还作了更详细阐述。他说：党的十一届三中全会以来，我国城市的建设和城市环境保护取得了很大成绩。现有 321 个设市的城市中，90% 左右完成了城市总体规划的编制工作②，使得城市的建设发展有了一个比较科学的依据。廉仲指出，国家颁布了《城市规划条例》，使城市的规划管理工作得到了加强；许多城市采取建设新区和改造旧城相结合的方针，集中了相当的人力物力，用来加强城市中包括环境保护设施在内的各项基础设施建设。但是，总的看来，中国城市环境状况差的问题仍然十分突出。

当时，中国城市生态环境问题主要有烟尘、污水、固体废弃物和噪声四个问题，其中特别是水和烟尘污染对环境危害最大。对此，会议分析指出，根据最近的统计资料和检测数据表明，"全国每年废水排放量为 320 多亿吨，其中 80% 是城市排放的"③，这导致水污染逐年严重。对此，群众曾作了形象地反映：50 年代河水可以淘米洗菜，60 年代水质变坏，70 年代鱼虾绝代，80 年代不刷马桶盖。虽然水是城市生态环境的一个重要因素，又是经济社会发展的一种宝贵资源，但是，至 1985 年，中国有 180 多个城市缺水，其中 40 个城市严重缺水④。而造成缺水的原因，一是由于城市本身的水资源不足，另一方面则是由于水源受到了污染，加剧了水的供需矛盾。由于水体的污染，不但直接破坏了水产资源，增加了企业的水处理费用，而且使工业产量和产品质量下降。"据上海等 7 个城市统计，每年因水资源污染造成的经济损失达

---

① 国务院环境保护委员会办公室：《城市环境综合整治》，中国环境科学出版社 1986 年版，第 13 页。

② 国务院环境保护委员会办公室：《城市环境综合整治》，中国环境科学出版社 1986 年版，第 26 页。

③ 国务院环境保护委员会办公室：《城市环境综合整治》，中国环境科学出版社 1986 年版，第 13 页。

④ 国务院环境保护委员会办公室：《城市环境综合整治》，中国环境科学出版社 1986 年版，第 26 页。

27 亿元""从全国估算,每年因水污染造成的经济损失至少 300 亿元"①。另外,
中国城市的空气污染也十分严重,煤烟型污染遍及南方北方；城市垃圾也日
益成为城市环境中的一个大问题；②城市噪声一般都在高声级。这些都影响到
城市发展的投资环境。更重要的是,受到污染水和大气,将会严重影响广大
居民的身体健康。人民群众对改善城市生态环境质量的要求日渐强烈。总之,
中国当时城市环境状况在继续恶化。许多大中城市的环境质量已经接近或超
过五六十年代西方国家环境公害泛滥时期的状况。③城市的环境问题越来越
引起人们的忧虑,已成为影响经济持续发展和社会安定的一个重要因素。

鉴于城市环境问题的严重性,会议强调指出,第一次全国城市环境保护
工作会议就是要确定研究城市环境的综合整治这一主要议题。综合整治是在
实践中提出来的。前一阶段生态建设作出了很大成绩。但是,很多措施只是
'治标',而不是'治本'。④所以在实践中得出一条经验：必须搞好环境综合
整治的规划,并和城市规划紧密结合起来,即城市的性质与规模、环境改善
及污染治理都要放到城市建设总体规划之中。会议还确定了城市环境综合整
治的重点。由于各个城市有各自的不同情况和特点,会议指出,城市环境综
合整治的重点,还是消除"四害",即消除污水、烟尘、废渣和噪声的污染。
会议还将直辖市、省会城市、自治区首府城市、沿海开放城市、国务院批复
确定的著名风景旅游城市以及过去确定的环境保护重点城市列为环境综合整
治城市（共 51 个环境保护重点城市）。⑤

---

① 国务院环境保护委员会办公室：《城市环境综合整治》,中国环境科学出版社 1986 年版,
第 14 页。

② 国务院环境保护委员会办公室：《城市环境综合整治》,中国环境科学出版社 1986 年版,
第 26 页。

③ 国务院环境保护委员会办公室：《城市环境综合整治》,中国环境科学出版社 1986 年版,
第 14 页。

④ 国家环境保护总局、中共中央文献研究室：《新时期环境保护重要文献选编》,中央文献出
版社、中国环境科学出版社 2001 年版,第 69 页。

⑤ 《中国环境保护行政二十年》编委会：《中国环境保护行政二十年》,中国环境科学出版社
1994 年版,第 180 页。

根据中国城市的环境状况和经济发展的现实基础，会议又提出了城市环境综合整治必须遵循的基本原则：第一，坚持把改革放在首位，在改革中搞好城市环境的综合整治；城市环境综合整治，必须坚持为经济建设和社会发展服务的方向。第二，要把改善生活环境和提高人民生活水平、生活质量作为环境综合整治的重要内容，放到重要的位置上来。1987年，国务院转发关于加强城市环境综合整治文件，要求市长必须负责城市环境质量。为了使城市污染防治步入综合整治的正轨，国务院还要求城市的规划、改造、建设必须不仅要与城市环境综合整治结合起来，就是城市的产业结构与布局、能源结构与水源保护也必须与城市环境综合整治相统筹协调。中央提出进行城市环境综合整治的问题，是非常必要、非常及时的，是一项战略性的任务。

会议还深入研究了如何提升城市环境管理能力，推广了北京、天津、广州、哈尔滨、洛阳、吉林、太原、杭州等城市的环境综合整治的经验，并现场参观了洛阳的环境综合整治工作。会上各单位交流的城市环境保护经验，概括地体现了城市环境综合整治雏形。它们按照城市的性质、功能和发展方向，从整体出发，从环境目标出发，从现实需要与可能出发，因地制宜地开展环境综合整治。

会后，为了进一步加强城市环境综合整治，全国人大于1986年3月审议批准《国民经济和社会发展第七个五年计划》，规定了"防治工业污染""控制重点城市污染方面的任务和措施"。1986年5月，国务院发布《环境保护技术政策的要点》，其中就"城市建设中的环保政策"作出了详细规定，并要求将环境规划与城市规划统筹起来，城市建设必须严格按照规划开展；城市环境综合整治，必须将调整不合理的工业布局与降低人口密度和经济密度紧密结合，必须将城市绿化与基础设施建设的发展紧密结合。1987年5月，国务院办公厅转发的城乡建设环境保护部《关于加强城市环境综合整治的报告》，指出加强环境综合整治，对于城市建设及长远发展有重要意义，各地应切实加强领导，组织有关方面的力量，有计划、有步骤地做好这项工作，并就进一步加强城市环境综合整治工作，争取在"七五"期间使中国城市环境质量进一步改善提出十方面意见。1987 年 7 月国务院环境保护委员会颁发了《城市烟尘控制区管理办法》和《发展民用型煤暂行办法》。这一系列方针政策，进一步明确了城市和环境整治的主要任务、对策和措施以及基本做法。

这次城市环境工作会议是自第二次全国环境保护会议以后的又一次重要会议，也是新中国成立以来国家首次召开的相关专题会议。这一次会议确定了"七五"期间城市环境综合整治的基本指导思想和具体奋斗目标，提出城市环境综合整治的方针任务；明确城市环境保护要走的综合整治的道路。会议的重大意义，不仅在于研究制定了中国城市环境综合整治的目标、任务、政策和措施，更重要的是提高了城市领导者的生态环境意识，使他们认识到了城市生态环境问题的严重性和开展城市环境综合治理的必要性，增强了搞好生态环境工作的紧迫感。全国城市环境保护会议以后，各级人民政府和领导都很重视城市环境保护，普遍开展了城市环境综合整治。全国各城市认真执行环境保护基本国策，很多省、市领导亲自抓这项工作，把它列入了政府议事日程，城市环境保护工作进一步得到发展，环境综合整治迅速在全国各地展开，并涌现出一批先进典型。因此，许多城市在经济翻番时，生态环境面貌有了较大的改善。在其后的几年时间里，中国的工业污染综合防治取得显著成绩，城市基础建设取得新的进展，城市管理水平显著提高。这些表明，中国的城市环境保护工作已由单项治理转入综合治理的轨道，对指导和推动全国城市环境保护事业的发展，有着积极作用和深远影响。

实践证明，城市综合整治既有工业污染的预防和治理，又有城市基础设施的建设和改造，是一条符合中国国情且具有中国特色的保护与改善城市环境、促进经济发展的正确途径。这次会议的召开，标志着中国城市生态建设进入新阶段。

3.2.3　中国生态建设制度化与第三次全国环境保护会议

第二次全国环境保护会议召开之后，中国的生态建设取得了很大成绩。但是，绝不可过高评价已有的成绩，因为中国生态建设的任务仍然十分繁重。对此，第三次全国环境保护会议报告这样概括：局部地区环境污染和破坏已有所控制，但就全国来看，生态问题还在恶化，因此中国生态建设的前景还十分令人担忧。例如，从大气状况看，全国大气污染相当严重，"北方城市的总悬浮微粒年平均值超过800微克/标立方米"[①]；其他许多城市则是烟雾弥漫，"1988年，全国废水排放量为368亿吨，大部分未经处理直接排入水体。[②]此外，由于地下水开采过渡，局部地区地下水面临枯竭；工业固体和城市生活废垃圾排放量越来越大，且处置率很低，饮用水源的污染范围不断扩大；水土流失面积、草原退化面积也在扩大，森林资源面临枯竭；等等。日益严重的生态环境状况引起了社会各界群众的不满和忧虑，他们迫切希望政府能够采取切实有效的生态建设措施，从而迅速改变环境不断恶化的状况。但是，由于受到技术和资金等方面的影响，中国的生态环境问题在短期内还不能得到完全的解决。但是，随着中国改革开放和现代化事业的发展，又使得生态环境问题的解决显得十分迫切。这是因为，如果中国的环境污染和生态破坏日渐严重，这不仅会削弱经济发展潜力、制约经济发展，还会严重影响广大人民群众的生产生活和生命健康。

随着经济发展水平不断提高，中国面临的生态问题也日渐严重，但按照当时中国的经济实力，又拿不出大量的生态建设专项资金。为此，中国探索出通过强化环境管理来解决这一矛盾。一位国务院领导人曾指出：强化环境管理的原因，一是我们国家还不富裕，还拿不出大量环境治理专项资金；另一方面，确实是有许多生态环境问题只要通过加强管理就能够解决，在短时间内就能见到实际效果。这实际指出了中国生态建设的方向，以及国家对生态建设所持的积极态度。所以，中国要通过加强生态建设管理工作来治理老的问题，控制新的问题。尽管限于当时的经济和技术条件，中国还不能在短时期内彻底解决污染问题。但是，通过强化管理和采取一些成熟工程技术，

---

① 国家环境保护局：《第三次全国环境保护会议文件汇编》，中国环境科学出版社1989年版，第25页。

② 国家环境保护局：《第三次全国环境保护会议文件汇编》，中国环境科学出版社1989年版，第25页。

最大限度地减轻污染是完全可以做到的。

为了总结第二次全国环境保护会议以来的环境保护和生态建设的经验，进一步落实党的十三次全国代表大会以及七届全国人大第一、二次会议提出的生态建设任务，并制定生态建设新目标和新措施，第三次全国环境保护会议于 1989 年 4 月召开。这次会议提出了全面推行新老八项环境管理制度，把第二次全国环境保护会议制定的大政方针具体化，从而开拓了有中国特色生态建设道路的新发展方向。

会议首先认真总结了中国在实践中形成的排污收费制度、环境影响评价制度和"三同时"制度的成功经验。

1. 排污收费制度

70 年代末 80 年代初，根据"谁污染、谁治理"的原则，中国实行了排污收费制度。征收排污费是运用经济手段，促进企业内部加强污染治理的一项成功制度，这项制度是中国根据国情，在环境保护工作的实践中产生、发展并逐步完善的，具有浓厚中国生态建设特色。党中央、全国人大常委会、国务院对征收排污费工作很重视。1978 年 12 月，中共中央批转的《环境保护工作汇报要点》，第一次提出要实行"排放污染物收费制度"。1979 年 10 月，五届全国人大常委会通过的《中华人民共和国环境保护法（试行）》又规定："超过国家规定的标准排放污染物，要按规定收取排污费"，这就从法律上对排污收费制度作了规定。1982 年 2 月，国务院发布《征收排污费暂行办法》，明确实行排污收费制度的目的，并具体规定了排污费如何征收、如何管理及使用。

排污收费制度在其建立后的几年时间里，为促进中国企业、事业单位加强经营管理、节约和综合利用资源，治理污染，改善环境，发展环境保护事业发挥了巨大的作用，取得了很大的成绩。从 70 年代末排污收费制度在全国各地实行至 80 年代末期，全国共有 29 个省、自治区和直辖市全部开展了征收排污收费工作（除台湾、西藏外）。"全国 357 个省辖市、地、州中有 327 个开征了排污费，开征面为 91%；至 1988 年底，先后向 18 万个超标排放污染物的企业、事业单位，累计征收排污费 76.5 亿元。"[①] 辽宁省、江苏省、山东省、上海市等省、市排污费额均已超过 1 亿元。1988 年度，全国征收排污费总额为 16 亿元，比开始实行排污收费制度的 1979 年和 1980 年两年总额增长了 11 倍。在十年征收排污费工作的实践中，一支以征收排污费为主要手段、专门从事污染源监督管理的环境监理队伍迅速发展并且已初具规模。至 1988 年底，全国共建环境监理机构 658 个。[②]

对此，第三次全国环境保护会议总结为，排污收费制度为发展生产、改善环境质量作出了积极贡献：加强了企业管理，促进了污染治理，取得了显著的环境效益、经济效益和社会效益；有效调动企事业单位治理污染积极性的同时，也为企业开辟了一条可靠的污染治理资金渠道，从而有力地促进了生态建设工作的发展。

2. 环境影响评价制度

中国于 1979 年颁布的《环境保护法（试行）》规定："在进行新建、改建和扩建工程时，必须提出对环境影响的报告书，经环境保护部门和其他有关部门审查批准后才能进行设计。"其后一些环境保护专项立法也对环境评价制度作出了规定。1979 年 9 月，国务院环境保护领导小组和冶金部联合发出关于开展"上海宝山钢铁总厂环境影响评价"工作的通知。这是中国第一次对大型工业建设项目实施环境影响评价。1981 年 5 月，由国家计委、经委、建委与国务院环境保护领导小组联合发布的《基本建设项目环境保护管理办法》，为后来的《中华人民共和国环境影响评价法》的制定奠定了重要基础。

此后，随着环境影响评价制度的实施，全国各地的防治建设项目污染和产业的布局与选址、污染设施建设等建设工作，都能严格按照这一制度执行。这样，环境影响评价制度逐渐成为控制生态破坏的有效措施。此项制度的另

---

① 国家环境保护局：《第三次全国环境保护会议文件汇编》，中国环境科学出版社 1989 年版，第 381-383 页。

② 国家环境保护局：《第三次全国环境保护会议文件汇编》，中国环境科学出版社 1989 年版，第 381-383 页。

一项积极作用就是通过对开发建设项目提出防治污染措施，以达到控制新污染的目的。可以说，环境影响评价制度奠定了环境监督管理在工业建设和其他重大建设项目中的法律地位。在其后各地实行的"环保一票否决制"，就是这条法律的延伸。环境影响评价的重要作用在于保证选址的合理性。由于这项制度的推行，基本上保证了工业的合理布局。

3. "三同时"制度

1973 年，第一次全国环境保护会议通过的《关于保护环境和改善环境的若干规定》中就对"三同时"制度作出规定，即工矿企业在新建时，必须将防治污染的设施与主体设施同时设计、施工，并同时投产。但在 1973—1979 年期间，由于法规很不健全，"三同时"制度执行工作进展缓慢，大中型项目的"三同时"制度执行率波动于 18% 至 44% 之间[①]。1979 年制定的《环境保护法（试行）》，把"三同时"制度以法律形式确定下来。1983 年底，在总结十年环境保护工作经验的基础上，第二次环境保护会议宣布："要把环境污染和生态破坏解决于经济建设的过程之中，使经济建设和环境保护同步发展。通过环境工作，创造一个使人们能够更好地工作和生活的良好环境，同时，通过环境保护来促进经济建设的发展，概括起来就是经济建设、城乡建设和环境建设要同步规划、同步实施、同步发展，做到经济效益、社会效益、环境效益的统一。我们要从这一基本指导思想出发，积极地防治污染，改善生态，促进四化，造福人民。"[②] 第二次环境保护会议以后，中国通过颁布《建设项目环境保护设计规定》，使"三同时"制度具体化，并纳入基本建设程序。此后，这项工作得到迅速而稳步的发展。据统计，大中型项目"三同时"制度执行率在 1988 年接近 100%。全国小型项目"三同时"制度执行率也达到了 80% 左右。1985—1987 年大中型项目由于执行"三同时"制度，新增废水日处理

---

① 国家环境保护局：《第三次全国环境保护会议文件汇编》，中国环境科学出版社 1989 年版，第 375 页。

② 国家环境保护局：《中国环境保护事业（1981—1985）》，中国环境科学出版社 1988 年版，第 6 页。

能力 243 万吨、废气处理能力每小时 9459 万标 / 立方米、固体废弃物年处理能力 733.3 万吨。① 不但新的污染得到有效控制，同时"以新代老"减少了一些原有的污染。

以上这些成就，是中国各地区、各部门和广大人民群众以及生态环境工作者共同努力的结果。但是，由于人口增加、资源消耗的加快，使中国面临着环境污染加剧和生态环境恶化等生态环境问题的挑战。同时，随着改革在各个领域的展开和深入，各省、市在总结以往环境管理经验的基础上，以改革的精神积极探索适应新形势的环境管理手段和措施。

通过几年的努力，中国又摸索出了一批行之有效的生态建设管理制度，主要包括环境保护目标责任制、城市环境定量考核制度、排污许可证制度、污染集中控制以及污染源限期治理等 5 项制度和措施。其中，实行省长、市长及企业领导环境目标责任制是一项符合当时改革形势的最为有效的制度，也是其他几项制度的核心。这 5 项制度对于深化生态建设管理、控制环境污染，推动生态建设工程迈上新台阶有着极其重要的作用与普遍意义。因此，第三次全国环境保护会议，在认真总结了实施环境管理制度的成功经验基础上，提出了继续实行环境影响评价制度、"三同时"制度、排污收费制度 3 项管理制度，并且要求积极推行深化环境管理的上述 5 项新制度。在此期间，中国制定的环境保护 8 项制度及一系列配套的具体规定和措施，构成了一个较为完整的生态建设管理体系。中国的生态建设工作开始由定性管理逐渐走向定量管理，并由行政命令逐渐走向制度约束，为完善中国的生态建设管理体系奠定了坚实的基础。

（1）环境保护目标责任制度

环境保护目标责任制是通过签订明确的责任书，具体规定各级政府行政"一把手"在任期内必须承担的环境保护的目标与任务，并将治理环境目标与任务作为行政"一把手"政绩考核内容之一，根据任务完成的情况给予奖惩

---

① 国家环境保护局：《第三次全国环境保护会议文件汇编》，中国环境科学出版社 1989 年版，第 375 页。

与提升。这项制度不仅明确了各级行政首长在生态建设方面的责任，还理顺了不同层次和各个部门在生态建设和保护环境方面的职责关系，从而使得生态建设任务能够得到层层落实。这是中国生态环境管理的实践中推行的一项改革。

在各个省、市中，率先实行环境保护目标责任制的是甘肃省。甘肃省在总结"六五"工作经验教训的基础上，借鉴经济责任制的做法，把环境目标管理引入工作序列，首先在环境保护局内各处室实行环境保护责任制，由省环境保护委员会与5个市政府签订了责任书。此后，实行此制度的省、市逐年增加，到1988年，各省环境保护委员会与14个地、市、州政府（行署）正式签订了环境保护工作责任书，并层层分解到企业。到第三次全国环境保护会议之前，北方省份像甘肃、山西、河南、山东、吉林、辽宁，南方省份像浙江、江苏、安徽等都已实行了这项制度并取得了良好的效果。[①] 这些省份的实践经验表明，实行环境保护目标责任制度有利于把生态建设工作切实列入各级地方首长的议事日程，并在国民经济发展计划和年度计划中具体化，从而使得生态建设由原来的单项治理与分散治理，逐渐转向区域综合防治，有利于整合各部门和各方面的力量共同进行生态建设。

环境保护目标责任制作为一种新的管理制度，虽然处于探索阶段，但已显示出强大的生命力和较大的推广价值，只要是目标责任制得到落实的地方，其生态状况都发生了明显的、积极的变化。那些曾经长期难以解决的生态环境问题，通过实行责任制都可以很快解决。

（2）城市环境定量考核制度

中国的城市生态建设工作，自1985年城市环境保护工作会议以后，有了很大发展。一些重点城市普遍开展了城市环境综合整治工作。经过几年的努力，城市环境恶化的趋势已有所缓解，成绩是明显的。然而，中国城市面临的生态环境问题仍然十分严峻，城市管理工作仍然比较薄弱，还跟不上经

---

① 国家环境保护局：《第三次全国环境保护会议文件汇编》，中国环境科学出版社1989年版，第365页。

济建设、环境保护的需要。普遍存在着"定性管理多于定量管理，经验管理多于科学管理"的一般化倾向。许多城市的环境综合整治实践证明，这种一般化的管理，在生态建设开创时期起了一定的推动作用，但是，随着经济、社会的高速发展，只靠行政手段的管理模式已经远远控制不了伴随经济发展而日益增长的污染负荷和环境恶化的趋势，"考核指标不清、环境保护责任不明"的状况，很难对城市环境保护工作的效果作出科学的、定量的评价。

为此，1988年9月国务院发布《关于城市环境综合整治定量考核的决定》，明确要求必须对城市的大气、水、噪声、固体废弃物等5个方面共20项指标进行定量考核，并且把考核结果列为考核市长政绩的重要内容。部分市政府非常重视，市长亲自召开会议研究落实办法，并组织有关部门完善考核规划，分解指标，落实任务，进展比较顺利。为了统一认识和考核办法，国务院环境保护委员会于1988年底发布了《城市环境综合整治定量考核实施办法（暂行）》《城市环境综合整治定量考核指标解释与计算方法》《环境监测技术实施细则》等5个文件，对环境定量考核工作作了一系列具体规定。1989年第三次全国环境保护会议把城市环境综合整治定量考核确定为一项制度在全国推广。通过对部分试点经验的总结，国务院环境保护委员会于1988年9月召开会议，决定落实城市环境整治实行定量考核制度，引起全国各级政府和广大群众普遍重视与关心。这次考核范围涉及大气、水、噪声、固体废弃物、城市绿化五个方面，共二十项指标。这些指标体现了环境建设和环境质量的主要方面，只要做好了这方面的工作，城市环境面貌和环境质量就会发生变化。

（3）排污许可证制度

排污许可证制度是为加强对生态建设和环境管理所采用的一种行政管理制度。根据这项制度，凡对环境有负面影响的项目，以及排放污染物的开发、建设、生产活动都必须由经营者经所在地的环境保护行政主管部门审批之后才可以进行。这一制度的核心是确定污染物控制目标和分配污染物的削减指标，通过颁发许可证的形式对排污者的排污行为进行控制，对不超过排放标准或总量控制的指标单位，发给排污许可证；对超过排放标准或超过总量控

制指标的，发给临时排污许可证。1978 年 12 月，中共中央批转的《环境保
护工作汇报要点》中提出："必须把控制污染源的工作作为环境管理的重要内
容，向排污单位实行排放污染收费制度。"[1] 这是在党的重要文件中第一次提
出排污收费制度。此后，随着经济的发展，全国"三废"的排放量也逐渐增大。
虽然中国不少污染源排出的"三废"相关指标已经达到国家或地方规定的排
放要求，但污染物的总量还呈上升趋势，生态质量仍在不断恶化之中。对此，
于 1989 年召开的全国第三次环境保护会议强调，"近年来，上海、徐州、常
州等许多城市实行排污申报登记制、发放排污许可证的试点表明，只有在实
行排放浓度控制的基础上，对一些重点污染源实施排污总量控制，才能从总
体上有效地控制污染"，并指出"各地要采取积极态度，根据自己的情况，逐
步推广这一行之有效的制度"。[2] 为了总结中国排污收费制度所取得的成绩和
经验，国家环保局于 1991 年 7 月召开第二次全国征收排污费工作会议。至此，
排污许可证制度在中国仍处于起步阶段。由于这项制度涉及地区社会经济发
展和企业切身利益，还有一些相关的政策需要调整配合，这项制度面临的发
展任务是长期而艰巨的。

（4）污染集中控制制度

污染集中控制其实是强化生态环境管理所采取的一项重要手段。具体
来说就是在一定范围内建立保护环境集中治理设施以及与之相配套的管理措
施。第三次全国环境保护会议之前，不仅北京、天津等大城市，甚至包括像
丹东、沈阳、安阳和平顶山等地区，都积极尝试采取措施加强集中供热、污
水集中处理、固体废弃物处置方面的工作，并在实际中实现了环境效益和经
济效益的良性互动。在中国，加强环境污染治理工作，必须坚持两个重要方面：
其一，必须坚决改善环境质量。治理污染的根本目的应当是为人民群众创造

① 《中国环境保护行政二十年》编委会：《中国环境保护行政二十年》，中国环境科学出版社
1994 年版，第 143 页。
② 国家环境保护局：《第三次全国环境保护会议文件汇编》，中国环境科学出版社 1989 年版，
第 30 页。

良好的生产和生活环境，应当着眼整体环境质量的改善与提高，不仅仅是追求单个企业单位污染的处理率、达标率。其二，必须符合经济效益要求。也就是说，必须做到以尽可能小的资金投入达到尽可能大的经济社会效益。从以上环境污染治理工作两个方面要求出发，针对中国经济社会发展和生态建设的现实状况，中国的环境污染治理应该坚持集中控制的发展方向，将集中治理与分散治理紧密结合起来。当然，实行集中控制之后，企业依然承担着防治污染的重大责任。其主要表现在以下几个方面：第一，污染集中处理资金主要由排污单位和受益单位及城市建设费用承担。这是环境治理按照"谁污染、谁治理"的原则得出的必然要求。第二，对于那些不易集中治理、难以生物降解的污染源，企业单位还必须自己分散治理，承担相应职责。第三，远离城镇的个别企业和少数大型企业，还必须单独治理。污染集中控制符合中国国情。因为通过集中控制，不仅可以集中有限的生态建设资金，还可以通过相对先进的技术，取得较大的经济社会效益。

（5）污染源限期治理制度

1978 年，国务院环境保护委员会与国家计委、经委联合发文，对 167 个重点排污单位下达了 277 个污染源限期治理项目。各地还先后安排了将近 112 万个地方性限期治理项目。[①] 这些治理项目的完成，使一些老企业的环境面貌有所改变，局部区域环境质量得到了一定改善。此后，中国生态建设实践表明，污染源限期治理制度抓住了污染治理的重点，取得了显著的生态环境效益。在实际操作中，这项制度能够让企业在规定的限期内选择最经济有效的治理措施，从而使得工业企业有一定的自由操作空间。此外，这项制度有利于促使企业在规定的限期内多方面筹集污染治理的资金。这样，限期治理的内容由对原来的污染点源限期治理，发展到对行业区域的限期治理。

上述 5 项制度和措施是我国环境管理制度的发展和完善，体现了改革的精神。我们所说的开拓有中国特色的环境保护道路，在当前主要也就是指推

---

① 国家环境保护局：《第三次全国环境保护会议文件汇编》，中国环境科学出版社 1989 年版，第 30 页。

行和强化这类管理制度和措施。我们要勇于改革，在实践中及时总结经验，使这5项制度和措施不断得到发展和完善。[1]第三次全国环境保护会议通过将新、老环境管理整合起来形成完整的8项制度内容，通过将中国生态建设的多个层次的管理目标、控制层面及不同的操作方式组成为一个相对完整的体系，并能够基本上把中国主要的生态环境问题置于这个体系覆盖之下。

总结这些制度不容易，推行这些制度更难。在第三次全国环境保护会议以后，国务院决定将上述8项环境管理制度和措施在全国实行。其后，这些制度和措施也大都被陆续吸纳到有关环保的法律中去。国家环保局又进行了大量的调研、宣传和培育示范点工作，最终使得这项制度由点及片、由片及面，逐步推开。这是立足于中国的现实国情，总结多年的生态建设实践，学习和借鉴国外先进管理经验的产物，也是中国生态建设工作改革开放、创新奋进的重大成果。

3.3　党的生态建设的特点

3.3.1　生态建设紧密结合经济发展并实行制度化

社会主义初级阶段的中国，其中心任务就是进行现代化建设，集中力量发展社会生产力。生态建设就是促进国民经济持续、稳定、健康发展，就是保护生产力。在经济建设中，如何避免西方工业化国家早期的教训，使得生态环境能持续地支撑经济社会现代化的发展需要，使得中国经济社会不断发展的同时，生态环境质量能够得到相应改善，这是党中央、国务院和广大人民群众都非常关注的问题。

中国在现代化开始起步之时，就把环境保护提到基本国策的高度。随着环境保护政策地位的确定，环境保护的重要性日益显现。1985年9月23日，通过的《中共中央关于制定国民经济和社会发展第七个五年计划的建议》再次强调了环境保护的重要性，提出："要把改善生活环境作为提高城乡人民

---

[1]　国家环境保护局：《第三次全国环境保护会议文件汇编》，中国环境科学出版社1989年版，第31页。

生活水平和生活质量的一项重要内容。"①党的十三大报告也指出：生态建设关系中国经济和社会发展全局。因此，中国在大力加强经济建设的同时，必须加大各种自然资源保护和合理利用力度，在努力开展对环境的综合治理与生态环境保护的基础上，正确处理经济效益、社会效益和环境效益三者关系。1990年12月30日，中国共产党第十三届中央委员会第七次会议通过的《中共中央关于制定国民经济和社会发展十年规划和"八五"计划的建议》中明确指出："环境保护是一项基本国策，也是提高人民生活质量的一个重要方面。加强对大气、水域、土壤污染、固体废弃物和噪声等公害的检测和防治，特别要保护江河、湖泊、水库和地下水的水质，保护森林，抑制自然生态环境恶化的趋势，改善环境质量。积极植树造林，提高绿化水平，为人民创造清洁、优美的生活环境。积极治理环境污染，明确环境保护的责任范围，实行经济建设、城乡建设、环境建设同步规划、同步实施、同步发展的方针，使环境保护与国民经济和社会发展相协调。"②

生态破坏和环境污染的原因有很多方面，其重要的一点是环境保护和生态建设没能够建立一整套严格的工作秩序，相关的管理工作也不到位。第二次全国环境保护会议不仅确定环境保护为基本国策，而且明确提出把强化环境管理作为环保工作的中心环节，从而实现了生态建设思想认识和工作方式的一个重大转变。这是对最基本国情深化认识和对以往十年实践进行反思的结果。强化生态建设的管理工作，就是要制定规划和相应的政策法规，并建立强有力的机构去实行监督管理。因此，国务院于1984年成立了环境保护委员会。国务院环境保护委员会的主要职责是研究审定生态建设的方针与政策，并提出相应的生态建设规划。此外，在组织上领导和组织、协调全国的生态建设工作。此后，在国务院环境保护委员会的积极推动下，包括国务院一些

---

① 全国人大财政经济委员会办公室：《建国以来国民经济和社会发展五年计划重要文件汇编》，中国民主法制出版社2008年版，第312页。

② 《改革开放中的中国环境保护事业30年》编委会：《改革开放中的中国环境保护事业30年》，中国环境科学出版社2010年版，第21页。

部门在内，以及解放军和全国绝大部分省份都成立了相应的组织。从 1984 年
开始，相当一部分省、市、县的环境保护机构在人员等方面都得到了不同程
度的充实与提高。从那以后，中国生态建设围绕着强化管理展开，并逐步建
立起环境保护的法律法规体系，建立健全各级环境管理机构，落实各项生态
建设措施。同时，在开展全民生态宣传教育、加强生态环境科学研究等方面
都取得了积极进展。

　　总之，在这一时期，随着改革开放事业不断开展，中国经济发展迅速，
国民生产总值年均增长 10% 左右。同时，由于加强了生态建设的管理工作，
全国生态环境质量总体保持稳定，尤其要强调的是，中国在这一时期并没有
出现经济迅速发展而环境状况随之急剧恶化的严重局面。[①] 这与中国生态建
设的制度化密切相关。

　3.3.2　生态建设注重"防与治"两手抓

　　生态问题可以概括为两类：环境污染与生态破坏。一般说，在经济发达
国家，环境污染问题更为突出一些，在发展中国家生态破坏问题比较严重。
在中国，环境污染和生态破坏都比较严重。80 年代，党和政府认识到，中国
生态问题的原因主要包括：一是工业迅速发展带来的大量有害物质；另一方
面是人们对森林、土地、水等资源的直接破坏。因此，中国生态问题不单纯
是工业"三废"造成的，还应包括对自然支持系统的直接破坏。

　　改革开放以后，党中央、国务院采取了一系列重大措施，不断加强生态
保护工作，努力遏制生态恶化的趋势，从而开始推动中国生态建设向着"防
与治"两手抓方向发展。1981 年 2 月，国务院在《关于在国民经济调整时期
加强环境保护工作的决定》中作出以下 7 个方面的决定：严格防止新污染的
发展；抓紧解决突出的污染问题；制止对自然环境的破坏；搞好首都北京和
杭州、苏州、桂林的环境保护；加强国家对环境保护的计划指导；加强环境

_____

① 曲格平：《中国的环境与发展》，中国环境科学出版社 1992 年版，第 2 页。

监测、科研和人才培养；加强对环境保护工作的领导。[①]1985 年召开的第一次全国城市环境保护会议明确规定，城市环境的综合整治，以环境保护的战略方针，即经济建设、城乡建设、环境建设同步规划、同步实施、同步发展为总的指导思想，把城市环境的综合整治和城市的改造、建设紧密结合起来，做到和经济发展协调一致，互相适应。1990 年 12 月 5 日，国务院作出《关于进一步加强环境保护工作的决定》，指出为促使经济持续、稳定、协调发展，特作如下决定：严格执行环境保护法律法规；依法采取有效措施防治工业污染；积极开展城市环境综合整治；在资源开发利用中重视生态环境的保护；利用多种形式开展环境保护宣传教育；积极研究开发环境保护科学技术；积极参加解决全球环境问题的国际合作；实行环境保护目标责任制。尤其引人注目的是，党和国家还把保护农业资源、制止生态恶化列为重要内容。早在 1979 年 9 月，党中央就关于加快农业发展若干问题已作出决定，并强调指出：以前党和政府把主要精力放在粮食生产上是正确的。但是没有注意保持生态平衡，结果忽视和损害了林业、畜牧业、渔业以及经济作物。1981 年 3 月，党中央、国务院在转发国家农委《关于积极发展农村多种经营的报告》的通知中指出：农业同林业、牧业、渔业和其他副业，粮食生产同经济作物生产，彼此既有相互制约、相互促进的一面，又有相互依赖的一面。只要保持合理的生产结构，建立良好的大农业生态体系，就能取得综合发展的效果。1982 年 1 月 1 日，中共中央批转的《全国农村工作会议纪要》中指出：当前要抓紧土地、水、生物等资源和重点开发地区的调查，特别要加强农业资源的保护工作，防止某些地区生态环境继续恶化。1983 年 1 月，党中央在《〈当前农村经济政策的若干问题〉的通知》中再次指出：森林滥伐、耕地减少、人口膨胀，是我国农村的三大隐患。为了改善农业生态环境，各地还重点抓了生态农业的试点建设。例如安徽省的阜阳地区、山东省的菏泽地区、河南省的周口地区、山西省的吕梁地区，等等。1985—1991 年期间，中国政府在

---

① 中国环境科学研究院环境法研究所：《中华人民共和国环境保护研究文献选编》，法律出版社 1983 年版，第 62–70 页。

治理农业生态方面作了大量工作，这对于提高森林覆盖率，防止土地沙化和水土流失，改善区域内的生态环境，都起到了重要作用。据不完全统计，到1991年全国县级生态农业试验区已有100多个，乡镇村场生态农业试点已有1000多个。全国除西藏、青海外，都有生态农业试点。

保护环境和自然资源是社会主义现代化建设的重要组成部分和保证条件。中国在以治理城市污染和工业污染为重心的同时，启动了自然生态保护等工作。1984年1月，中共中央《关于1984年农村工作的通知》中强调，为了改善生态环境，必须积极从多个方面开辟食物的来源。1984年3月1日，党中央、国务院在《关于深入扎实地开展绿化祖国运动的指示》中指出：促进恶性循环的生态系统向良性循环转变，就必须大力种树种草，增加国土绿色植被覆盖面积，这是根本出路。1987年，我国出台的《中国自然保护纲要》和《中国自然保护地图集》，系统地反映了中国的自然环境与自然资源。《中国自然保护纲要》是中国在自然环境与自然资源保护方面的第一部相对系统的纲领性文件，在实践中起到了宏观指导作用。《中国自然保护纲要》阐明了自然保护在社会主义现代化建设中的作用即自然保护是物质文明建设的重要条件，并提出通过自然保护，一方面保护生态环境，以维护劳动者的健康，提高劳动者的素质；另一方面，保护和合理利用自然资源，为发展经济创造更多的物质财富，奠定良好的物质基础。

在党的一系列生态建设方针的指引下，国家有计划地抓了一批绿化工程和基地建设。其中包括"三北"防护林工程、太行山绿化工程、黄土高原水土保持工程和经济林及牧草基地建设。据统计，1978年开始的"三北"防护林工程，到1991年已经累计造林1.5亿多亩，实现林网化。这使得过去沙化、盐渍化、牧草严重退化的1.3亿亩草原得到保护和恢复，已有1.1亿亩水土面积得到初步治理。自然保护工作在"六五"期间虽说刚刚起步，但经过努力，取得了一些重要成绩。从大的方面看，全国植树造林蔚然成风。草原建设进度大大加快，截至1985年底，共建人工和改良草场面积已超过草原退还面积。除此之外，中国在建立自然保护区和保护珍稀濒危物种方面也取得一定成就。

"七五"开始实施的长江中上游保护林，涉及9省145县，计划一期工程十年时间增加森林面积1亿亩。为了保证工程质量达到规划要求，林业部（现为林业局）还制定了《长江中上游防护林体系建设工程管理办法（试行）》和《长江中上游防护林体系建设县级总体设计规定》。各地根据这些规定，结合当地实际，先后制定了有关实施细则和具体规定。

此外，这一时期中国在平原防护林体系和营造沿海林带方面也取得了巨大进步。到1991年，全国已林网化的农田面积2881万公顷，占宜林网化农田面积的73.5%；林网化牧区面积38.8万公顷，占牧地面积的9.3%。历史上无林少林的平原地区，覆盖率已达12.5%。中国大陆海岸线长1.8万公里，沿海滩涂总面积2519.2万公顷，到1991年已营造沿海林带1万多公里。但是，也应当看到，中国生态环境状况虽然有局部改善，但全局还存在着恶化的危险。据调查分析，由于对废气、废水、废渣这些污染物处理和回收利用水平低，致使遭受污染的农田面积已有670多万公顷。每年土壤沙化面积递增1560平方公里，全国盐渍化面积到1991年已达761.4万公顷。尽管有关方面抓紧了对水土流失的治理工作，但我国的水土流失面积仍然呈现扩张趋势，1985年为129.2万平方公里，1991年达到162.3万平方公里。因此，中国生态建设的形势还是十分严峻的，任务也十分艰巨。

第 4 章

改革开放和社会主义现代化建设新时期党的生态文明建设理论与实践（中）：市场经济体制改革与理论深化

1992 年，以邓小平南方谈话及党的十四大为标志，中国的改革开放和现代化建设事业进入崭新的发展阶段。也是在这一年，联合国在巴西里约热内卢召开环境与发展大会，揭开了人类解决生态建设问题新的一页。与此同步，党的十四大把加强环境保护列入中国 90 年代改革开放与现代化建设十大任务之一，积极落实可持续发展战略，促使生态环境与经济建设持续发展。这期间，党开始摆脱传统"人征服自然"的理念，认识到不仅自然资源的供给数量是有限的，自然界化解破坏其平衡的能力也是有限的。这样，中国共产党的生态建设理论迈进深化阶段。

4.1　90 年代初期中国生态建设面临的挑战

90 年代初期，世界和中国国内形势都发生了巨大变化。这对中国加速改革开放、促进经济建设以及推动生态建设与经济协调发展，都至关重要和非常有利。中国共产党一贯重视因经济发展而出现的生态问题，但同许多发展中国家一样，中国也面临着发展经济和生态建设的双重挑战。

4.1.1 长期粗放型经济增长方式过多透支生态环境

80 年代期间，中国国民生产总值增长 1.3 倍左右[①]，而环境质量仍保持在比较稳定的状态，没有出现一些人担心的"随着经济的发展，环境污染程度不断加重"的严重局面。这表明，中国所走的生态建设道路是成功的。但是，必须清醒地看到，中国的生态建设面临的形势依然严峻。

直到 1991 年，中国的环境污染仍然十分严重。主要表现在：城市大气污染和水污染问题都很突出，城市噪声普遍超标，固体废弃物日益增多。据统计，1991 年全国废气排放量为 0.1 亿吨（不包括乡镇企业），二氧化碳排放量为 1570 万吨，粉尘排放量为 580 万吨；全国废水排放量为 336 亿吨。工业废水中化学需氧量为 721 亿吨，比上年增长 1.8%；氰氧化物排放量为 265 吨，比上年增长 13%。[②] 众所周知，中国水资源量只有世界平均水平的四分之一。然而，由于排放大量污水且处理率很低，使得本来就十分严重短缺的淡水资源又遭受严重污染。白洋淀、京杭大运河、苏州河、淮河因污染严重，已影响了几千万人民群众的生产和生活。1991 年，中国首次完成了乡镇工业污染源调查。调查结果表明，乡镇工业外排废水达标率为 14.8%，工业锅炉达标率为 37.9%，工业锅炉改造率为 10.2%。[③] 乡镇工业的污染问题有进一步恶化的趋势。这些污染造成了巨额的经济损失。

中国还面临着严重的生态破坏，如水土流失、耕地面积减少、草原退化、沙漠蔓延、物种减少、水资源短缺等。这些也都成为制约经济、社会发展的不利因素。"过去，我们在经济建设中往往依靠高投入、高消耗，追求所谓的高增长、高速度，导致了资源、能源的极大浪费和环境的严重污染，损害了经济发展的物质基础。"[④] 此外，这一阶段中国的生态建设工作也存在一些

---

① 《改革开放中的中国环境保护事业 30 年》编委会：《改革开放中的中国环境保护事业 30 年》，中国环境科学出版社 2010 年版，第 30 页。

② 赵德馨：《中华人民共和国经济史（1985—1991）》，河南人民出版社 1999 年版，第 217 页。

③ 赵德馨：《中华人民共和国经济史（1985—1991）》，河南人民出版社 1999 年版，第 217 页。

④ 国家环境保护局：《第三次全国环境保护会议文件汇编》，中国环境科学出版社 1989 年版，第 23 页。

问题：一是生态建设的管理力度不足。国家虽然制定了有关法律，逐步形成了从中央到地方的环境管理体系，但由于多方面的原因，环境管理阻力很大，效果有限。二是生态建设资金渠道不畅。1984年，国家经委、计委、财政部等七个部委联合发出了《关于环境保护资金渠道的规定的通知》。但由于经济体制改革形势的变化和文件规定不严等原因，除了排污收费和"三同时"资金有一定保证外，其余渠道都不能落实。三是生态建设法规的宣传还不够深入。许多企业、地方领导，特别是乡镇企业的领导，对环境保护的重要性没有正确认识，加之管理水平低，所以环境污染在许多地方，尤其是在乡镇、农村有扩大、蔓延的趋势。这些问题与生态环境的透支有着一定的关系。

80年代中国经济社会发展的事实表明，实现中国生态建设战略性转变，必将经历一个非常艰难的历程。但是，经过十多年的不断探索与努力，中国已经在生态建设方面取得了重要积极进展，深化改革，继续实行经济社会与生态建设相协调已经成为90年代中国社会不可逆转的趋势。

4.1.2 改革开放的深入推进需要良好的生态条件

生态建设，是转变传统经济社会发展方式的一种重要推动力。在改革开放后的十几年里，中国提出"经济社会与环境保护协调发展"原则。这是中国转变传统工业化战略的显著标志。进入90年代后，中国迎来扩大改革开放、加快经济发展的新时期，并将实现国民经济发展第二步战略目标。1993年，中国经济增长速度超过13%，居世界第一；1994年，中国国内生产总值已突破4万亿元[①]，综合国力跨上一个新的台阶。同时环境污染呈加重趋势，带来了越来越大的生态压力。如1993年，全国废气排放量11万亿标立方米（不包括乡镇工业）。废气中烟尘排放量1416万吨，二氧化硫排放量1795万吨，比上一年增长6.5%。全国废水排放总量355.6亿吨（不包括乡镇工业），其中工业废水排

---

① 国家环境保护局：《第四次全国环境保护会议文件汇编》，中国环境科学出版社1996年版，第417页。

放量 219.5 亿吨。[①]因此，实现国民经济持续、快速、健康发展，必须处理好环境与经济的关系，做到可持续的协调发展。中国经济发展速度加快，国家综合国力的增强，在给生态环境带来巨大压力的同时，也给生态建设带来了希望。

90 年代中国经济高速发展的形势，对生态建设提出了更高的要求。这一时期，中国的专家结合发达国家的经验，研究了一些计算环境污染经济损失的方法，并对全国环境污染损失进行了估算。结果表明，"按人民币计算，每年由于水体污染造成的经济损失 400 亿元左右，大气污染造成的损失 300 亿元左右，固体废弃物和农药等的污染经济损失 250 亿元左右，三项合计 950 亿元左右，约占国民生产总值的 6.75%"[②]。这些损失主要表现在：人体健康的损失约占 32%，农、林、牧、副、渔业的损失约占 32%，工业材料和建筑物的损失约占 30%，其他约占 6%。另据联合国环境规划署的资料报道，美国、日本等发达国家，环境污染引起的经济损失占国民经济总产值的 3%—5%。[③]中国环境污染明显重于发达国家。

由于工业生产带来的环境污染和生态破坏必然直接危及经济发展的基础，最终会制约经济和社会的发展速度。1986 年至 1990 年五年间，通过各级政府和各方面的努力，在经济较高速度增长的前提下，污染加重的趋势得到遏制，但并没有完全控制住。1990 年与 1985 年相比，废水排放量增长 8%，其中石油类污染物增长 6.6%，二氧化硫排放量增长 14.7%，工业固体废弃物产生量增加 25.2%。[④]1992 年之后的十年，根据国家的环境规划，在采取某些必要的环保措施后，中国的废水排放量、二氧化硫排放量、有害固体废弃物的排放量还会增加，到 20 世纪末，环境污染仍不能得到有效控制。与此同时，中国的国民经济将有较大发展。在这种情况下，环境资源的成本将会明

---

① 国家环境保护局：《第四次全国环境保护会议文件汇编》，中国环境科学出版社 1996 年版，第 418 页。

② 曲格平：《中国的环境与发展》，中国环境科学出版社 1992 年版，第 47 页。

③ 曲格平：《中国的环境与发展》，中国环境科学出版社 1992 年版，第 47 页。

④ 曲格平：《中国的环境与发展》，中国环境科学出版社 1992 年版，第 47 页。

显提高，环境污染造成经济损失占国民生产总值的比例，即使保持在 6.75%
的比例不变，"八五"期间每年大环境污染造成的经济损失也将达到 1350 亿元，
五年合计高达 6750 亿元。[①] 如此庞大的经济损失不仅给社会经济发展带来严
重影响，而且限制了人民的生活水平的提高。

建立社会主义市场经济体制是一项极具开创性的事业，必然会有许多复
杂的问题需要解决。但发展是硬道理，中国仍需高速向前发展，而可持续发
展既是世界的潮流，也是历史发展的必然趋势。当代社会的发展越来越依靠
于环境和资源的支撑，但中国环境污染和生态破坏已成为实施持续、快速、
健康发展的严重障碍。

通过上述情况，可以清楚地看到：尽管中国十多年来把生态质量基本保
持在 80 年代初期的水平上，避免了不断恶化的局面，但必须看到，中国的生
态状况并未达到令人满意的水平。中国在经济建设方面虽然取得了巨大成就，
但仍然处于一种不健全的发展方式，是不能持久的。而且，随着人民生活水
平的不断提高，人们对环境质量的要求也会从"持平"上升为"改善"，但迅
速扩大的经济规模对生态环境的压力与日俱增。中国能不能控制住环境污染
的发展和自然生态的破坏，并力求有所改善，是对改革开放和发展经济是一
种新的考验。

4.2 可持续发展与党的生态建设

随着历史进入 20 世纪 90 年代，世界各国与国际社会都积极探索生态建
设的新道路并取得重要进展。1992 年 6 月召开的联合国环境与发展大会提出
与倡导的可持续发展理念为广大与会代表接受。这次会议不仅是世界生态建
设事业进程中的新的里程碑，也是中国摒弃旧的传统发展模式、走向可持续
发展的转折点。

4.2.1 党的生态建设思想深入与可持续发展道路确立

1992 年 6 月 3 日至 14 日，联合国环境与发展大会在巴西里约热内卢召开。

---

① 曲格平：《中国的环境与发展》，中国环境科学出版社 1992 年版，第 47 页。

出席这次会议的有 183 个国家代表团、70 个国际组织的代表，并且有 102 位国家元首或政府首脑也亲自参与此次会议。国务院总理李鹏应邀出席了会议并发表了重要讲话。这次会议是自 1972 年联合国人类环境会议之后所举行的以"世界环境与发展问题"为主题的级别最高的一次国际会议，会议不仅筹备时间最长而且规模最大，在世界环境与发展史上具有深远影响。

这次会议强调：人类应与自然和谐相处，进而过上健康而富有成果的生活，"环境保护工作应是发展进程中的一个整体组成部分，不能脱离这一过程来考虑"。在这次会议上，各国普遍认识到经济发展应与环境保护相协调。高投入、高消费导致高污染的生产和消费模式受到广泛批评和否定。

会议还取得了多方面的积极成果。一是通过和签署了 5 个生态建设文件：《里约环境与发展宣言》《气候变化框架公约》《生物多样性公约》《关于森林问题的原则声明》《21 世纪议程》。《里约环境与发展宣言》指出，必须综合决策环境与发展，将环境保护确立为发展进程中不可或缺的重要组成部分；《气候变化框架公约》的核心要点就是控制温室气体排放；《生物多样性公约》的宗旨在于倡导保护和合理地利用生物资源；《关于森林问题的原则声明》的主要内容是保护和合理利用森林资源，并提出指导原则。不仅如此，《里约环境与发展宣言》和《21 世纪议程》提出建立"新的全球伙伴关系"，为此后在世界环境中开展国际合作确立了指导原则与行动纲领。二是世界各国通过会议普遍提高了对生态环境的认识。参与会议的各国国家元首、政府首脑以及政府代表团与国际组织代表，还有民间机构人士与新闻记者，他们通过讲话、发言或写文章等形式，积极倡议采取有效生态措施，应对日趋严重的全球生态环境危机。会上，环境问题引起了各国的关注，各国普遍加深了危机感。三是环境保护与经济发展密不可分的道理被广泛接受。西方工业革命以后形成的那种由"高生产、高消费"导致"高污染"的传统发展方式受到广泛的批判。倡导走经济社会持续发展道路，促进环境和经济协调发展，成为会议的共识与基调。四是南北国家对话开始启动。以这次会议为契机，南北国家的领导人终于走到一起，围绕环境和发展问题进行了广泛交流与讨论，并达成一些合作的意愿，因而对话的成果是积极的。五是通过会议，世界各国的国家主权以及经济发展权等得到了积极维护与确认。六是广大发展中国家在会议上发挥了主导作用。在这次世界大会上，广大发展中国家提出一系列合理主张及立场，成为各方谈判的基础。为数众多的亚非拉国家领导人通过发言表达了本国人民的普遍愿望，提出了正当合理的要求，从而有力维护了广大发展中国家的正当权益。这些充分说明发展中国家是世界上不可忽视的、愈来愈重要的力量。

总的来看，这次会议取得的重要成就是使可持续发展思想在全球范围内得到了最广泛和最高级别的承诺，由理念最终变成了各国人民的行动战略和纲领。大会把可持续发展作为未来的共同发展战略，得到了与会各国政府的普遍赞同。无论是发达国家还是发展中国家，通过会议都深刻认识到生态环境对人类社会的严重影响。会议普遍接受并积极倡导"持续发展战略"。这一战略就是在促进经济和社会不断发展的进程中，积极防治生态环境问题，使得经济、社会与环境相协调，走经济社会持续发展的道路。

中国政府十分重视这次会议，并在会上起到了独特的作用。中国不仅接受了会议通过的一系列文件，并签署了 2 项重要国际环境公约。时任总理李鹏在会上发表重要讲话，指出为健全和加强这一领域的国际合作，使本次大会所提出的目标得到全面实现，中国政府提出以下主张：一是经济发展必须与环境保护相协调。经济发展不仅是人类自身生存和进步所必需，也是保护地球环境的重要保证。同时，各国的经济发展不能脱离环境承受能力，应该实行保护生态系统的良性循环的发展战略，实现经济建设和环境保护的协调发展。二是解决全球环境问题是各国的共同任务，发达国家负有主要责任。三是加强国际合作要以尊重国家主权为基础。四是促进发展和保护环境都离不开世界的和平与稳定。五是处理环境问题应当兼顾各国现实的实际利益和世界长远利益。[1]会议期间，李鹏总理还分别与 20 多个国家的领导人进行了

---

[1] 国家环境保护总局、中共中央文献研究室：《新时期环境保护重要文献选编》，中央文献出版社、中国环境科学出版社 2001 年版，第 182 页。

会见、会谈，共商人类生存与发展的大计，并就共同关心的重大国际问题和发展双边关系问题深入地交换了意见，达成了广泛共识，不仅有利于在环境与发展领域和其他国际事务中开展合作，也推动了中国同有关国家双边关系的发展。在会议的筹备过程中，中国在北京举行了有 41 个发展中国家部长出席的发展中国家环境与发展部长级会议，会上通过了著名的《北京宣言》。这是中国和其他发展中国家对促进世界环境与发展事业作出的积极贡献。同时，中国还同"七十七国集团"加强了合作并协调立场，共同提出相关决议草案，在当时国际上都引起了广泛而积极的影响。此外，中国在此期间还成立了由中外著名人士组成的中国环境与发展国际合作委员会，就环境与发展的重大决策进行咨询，这体现了中国改革开放的决心和解决环境与发展问题的诚意。正如李鹏总理在联合国环境与发展大会上强调的中国愿意承担与其发展水平相应的国际责任和义务，并就解决世界环境与发展问题进一步加强国际合作。

在联合国环境与发展大会的启发和推动下，中国政府迅速提出了中国生态建设应采取的十大对应策略措施，明确当代中国以及未来必须走可持续发展道路的积极选择。

会后，国家环保局与外交部向党中央、国务院提交了联合国环境与发展大会情况的报告。这个报告提出了中国生态建设十大对策（实行可持续发展战略；采取有效措施，防治工业污染；深入开展城市环境综合整治，认真治理城市"四害"；提高能源利用效率，改善能源结构；推广生态农业，坚持不懈地植树造林，切实加强生物多样性的保护；大力推广科技进步，加强环境科学研究，积极发展环保产业；运用经济手段保护环境；加强环境教育，不断提高全民族的环境意识；健全环境法制，强化环境管理；参照环境与发展大会精神，制定我国行动计划）[1]。概括地说：一是要转变传统发展战略，走持续发展道路。这是十大对策中最为重要的一条，因为它并不是单纯对环保工作提出的要求，而是对整个经济工作提出的要求。这是从环境与发展大会

---

[1] 国家环境保护总局、中共中央文献研究室：《新时期环境保护重要文献选编》，中央文献出版社、中国环境科学出版社 2001 年版，第 194-199 页。

得到的启示，也是从多年的实践中得到的经验。如果长期沿用以大量消耗资源能源来推动经济增长的传统模式，且单靠一些补救性的环境保护措施，环境问题是不可能根本解决的。因此，在对策中重申：必须坚定地实行"三同时"指导方针。各级政府和有关部门要切实将环境保护目标和措施纳入中长期规划和年度计划，并在预算中作出安排；在产业结构调整中，必须严格淘汰能耗高、资源浪费大并且污染严重的生产线；在考核各地经济工作和干部政绩时，不但要看发展速度和经济效益，而且要看社会效益和环境效益。二是要继续把防治工业污染和进行城市环境综合整治作为环境保护工作的重点。中国环境问题带有工业化早期的特征，比较突出地反映在人口和工业都很密集的城市地区。在防治工业污染方面，主要是要提高技术起点，大力推行清洁工艺，并尽可能地对废弃物进行再利用；要优化产业结构布局，兼顾经济效益和环境承载力；引导和提倡区域综合治理和机制控制，以提高环保投资效益。在城市环境保护方面，主要是要进行以基础设施为主要内容的综合整治，改善城市民用能源结构，推行集中供热和煤气化；对污水和垃圾进行净化回用和集中处置；新城区建设和老城改造时，要统一规划，把人民生活设施和公共环境设施进行配套建设。三是要强化政府在环境管理上的职能，更好地运用经济手段保护环境。在经济体制改革和政府机构改革中，政府在环境管理方面的职能不但不能削弱，还应加强，这是建立社会主义市场经济的要求，对在过去特定历史背景下制定和实施的许多环保法律法规和管理制度进行大胆的改革和创新。在环境管理方式上，要在两个方面有所发展，一方面是根据企业转换经营机制的新形势，更多地利用经济手段来达到保护环境的目的；对社会公益性明显的环境建设和环境治理项目，给予必要的优惠支持。另一方面是要进一步扩大公众参与环境保护事务的范围和规模，加强群众监督，也借此提高公众自身的环境意识和承担义务的自觉性。

可以说，中国政府提出这十大生态建设政策，把可持续发展的基本思想和中国环境与发展中的主要问题及对策都包括进去了，具有较强的针对性。

1992 年 8 月 10 日，党中央、国务院迅速批准了行管部门提交的关于出席联合国环发大会情况及有关对策建议报告，明确了中国在实现现代化的过程中必须紧密结合可持续发展战略的实施。国务院还将报告的政策建议转发全国各省、自治区、直辖市人民政府，国务院各部委、各直属机构，各人民团体，要求他们结合各自的具体情况，研究有关问题，落实报告中的各项建议。这是改革开放以来，以党中央和国务院名义联合发出的第一个环境保护方面的文件，意义重大。不久，《人民日报》将报告中的十大对策公开发表，在社会上产生了广泛的影响。

1992 年 10 月，党的十四大决定开始逐步建立社会主义市场经济体制。这是中国改革开放事业在国内和世界发展的关键时期作出的又一次重要抉择。与此同时，党的十四大还把认真执行环境保护基本国策、努力改善生态环境等列入中国 90 年代改革与建设十大任务之一，强调了生态建设在现代化建设中的战略地位。1995 年 9 月，党的十四届五中全会又从战略高度上提出中国走可持续发展道路，明确提出实现经济体制和经济增长方式的根本性转变，实施科教兴国战略和可持续发展战略，这都为中国在发展中保护好生态环境提供了可靠保障。江泽民在论述如何正确处理社会主义现代化建设中的若干重大关系时指出，在现代化建设中，必须把实现可持续发展作为一个重大战略。要把人口增长与社会生产力的发展相适应，使经济建设与资源、环境相协调，实现良性循环。①1996 年 3 月，第八届全国人民代表大会通过的《中华人民共和国国民经济和社会发展"九五"计划和 2010 年远景目标纲要》，明确提出将科教兴国与可持续发展确立为国家两大发展战略。这是中国首次将可持续发展战略列为指导中国经济社会发展的总体战略，不仅标志着实施可持续发展战略成为党和国家意志，也标志着中国决心抛弃传统发展模式，走可持续发展道路。

1996 年 6 月，中华人民共和国国务院新闻办公室发布的《中国的环境保护》白皮书强调中国现代化建设面临人口基数大、人均资源少的现实国情；中国

① 中共中央文献研究室：《江泽民论有中国特色社会主义（专题摘编）》，中央文献出版社 2002 年版，第 279 页。

必须面对经济发展和科学技术水平比较落后的挑战；中国是一个发展中国家，目前中国正面临着发展经济和保护环境的双重任务。"在改革开放和社会主义现代化建设的过程中，中国将继续认真贯彻执行环境保护基本国策，实施可持续发展战略"。①1999 年 6 月 22 日，温家宝在政协第九届全国委员会上讲到，实施可持续发展战略，是经济规律和自然规律的内在要求，也是我国现代化建设进程的客观要求，是唯一正确的战略选择。②他还提出了 10 条促进环境与经济协调发展的指导原则和方针。1999 年 11 月 15 日，朱镕基在中央经济工作会议上指出"切实加强生态环境保护和建设"，是"实施西部地区大开发的根本切入点"。③

为了贯彻党的十四届五中全会以及八届全国人大四次会议关于经济社会发展的战略部署，第四次全国环境保护会议于 1996 年 7 月召开。这次会议是在中国改革开放和社会主义现代化建设进入重要时期的形势下召开的。会议认真总结了第三次全国环境保护会议以来中国生态建设的进展和经验，进一步贯彻环境保护基本国策，实施可持续发展战略，部署"九五"环保工作，落实《国民经济和社会发展"九五"计划和 2010 年远景目标纲要》提出的环保目标，促进中国经济和社会沿着可持续发展的道路迈向 21 世纪。江泽民在会议上强调，在社会主义现代化建设中，必须把贯彻实施可持续发展战略始终作为一件大事来抓。④他指出，可持续发展的思想最早源于环境保护，现在已成为世界许多国家指导经济社会发展的总体战略，经济的发展，必须与人口、环境、资源统筹考虑，不仅要安排好当前的发展，还要为子孙后代着想，为未来的发展创造条件，决不能走浪费资源、走先污染后治理的路子，更不

① 国家环境保护总局、中共中央文献研究室：《新时期环境保护重要文献选编》，中央文献出版社、中国环境科学出版社 2001 年版，第 364 页。
② 国家环境保护总局、中共中央文献研究室：《新时期环境保护重要文献选编》，中央文献出版社、中国环境科学出版社 2001 年版，第 568 页。
③ 国家环境保护总局、中共中央文献研究室：《新时期环境保护重要文献选编》，中央文献出版社、中国环境科学出版社 2001 年版，第 594 页。
④ 国家环境保护总局、中共中央文献研究室：《新时期环境保护重要文献选编》，中央文献出版社、中国环境科学出版社 2001 年版，第 3 页。

能吃祖宗饭、断子孙路。[1] 由于中国人口众多，人均资源短缺，科技水平不高，经济技术基础比较薄弱，保护生态环境面临的任务很艰巨。因此，在经济和社会发展中不注意环境保护，等到生态环境破坏了以后再来治理和恢复，那就要付出沉重的代价，甚至造成不可弥补的损失。[2] 江泽民还强调，"九五"期间，我国经济计划安排以年均8%左右的速度增长，我们确定的环保目标是到2000年力争使环境污染和生态破坏加剧的趋势得到基本控制，部分城市地区环境质量有所改善。[3] 为此，必须加强城乡环境管理，但是最根本的是依靠经济体制和经济增长方式的转变，通过速度和效益的有机结合，将单位国民生产总值的排放量和资源生态能耗量降下来。

1997年，党的十五大报告再次强调，要实施科教兴国和可持续发展的重大战略。党的十五大报告指出："我国是人口众多、资源相对不足的国家，在现代化建设中必须实施可持续发展战略。"[4] 到1997年，可持续发展作为国家发展战略，被全国人民代表大会常务委员会通过。1998年5月6日，温家宝在国家环保总局干部会上也提出，保持经济、社会和环境的协调发展，是我国现代化建设的一个重大方针。[5] 要正确处理经济社会发展和环境保护的关系，坚持综合决策环境与发展，要统筹兼顾经济效益、社会效益与环境效益三者之间关系。应该明确经济建设的中心任务，任何时候都不要偏离这个中心。只有经济发展了，综合国力才能增强，人民物质文化水平才能提高，社会各项事业的发展才有可靠的物质技术基础，环保工作才有保障。同时，也应该强调，我们的发展必须是可持续的发展，不能只顾眼前利益而牺牲全局

---

① 国家环境保护局：《第四次全国环境保护会议文件汇编》，中国环境科学出版社1996年版，第3页。

② 国家环境保护局：《第四次全国环境保护会议文件汇编》，中国环境科学出版社1996年版，第3页。

③ 国家环境保护局：《第四次全国环境保护会议文件汇编》，中国环境科学出版社1996年版，第4页。

④ 中共中央文献研究室：《十五大以来重要文献选编（上）》，人民出版社2000年版，第28页。

⑤ 国家环境保护总局、中共中央文献研究室：《新时期环境保护重要文献选编》，中央文献出版社、中国环境科学出版社2001年版，第499页。

利益，在经济发展中要特别注意加强环境保护。2000年10月11日，中国共产党第十五届中央委员会第五次全体会议通过《关于制定国民经济和社会发展第十个五年计划的建议》，指出"加强人口和资源管理，重视生态建设和环境保护"，强调"实施可持续发展战略，是关系中华民族生存和发展的长远大计"，必须合理地使用和节约并保护资源，努力提高资源利用效率，"加强生态建设，遏制生态恶化"，"加大环境保护和治理力度"。①

2002年9月，可持续发展世界首脑会议在南非约翰内斯堡召开，来自世界192个国家包括104个元首和政府首脑在内的7000多名政府和各界代表出席了会议。国务院总理朱镕基出席首脑会议并发表讲话，国家环保局局长谢振华等有关部门负责人参加。与会代表经过十天的共同努力，会议进一步明确将促进经济增长、社会发展和环境保护紧密结合并将其作为可持续发展的三大支柱，努力实现经济社会发展与生态环境保护紧密结合，并提出了《可持续发展实施计划》。朱镕基代表中国政府在会上发言，向世界宣告中国坚定不移地走可持续发展道路的决心，阐明了中国政府关于可持续发展的主张，主要包括：必须进一步深化有关可持续发展的认识；各国必须共同努力才能实现可持续发展；可持续发展必须加强相关的科技合作；可持续发展需要营造有利的国际经济环境；维护世界和平稳定是推进可持续发展的重要条件。朱镕基同时宣布，中国已核准《〈联合国气候变化框架公约〉京都议定书》。然而，从里约热内卢会议到约翰内斯堡会议的十年时间里，发达国家并未全面履行全球环境与发展领域合作的政治承诺。中国政府却将可持续发展纳入国民经济和社会发展计划中，并通过加快立法进程，组织和动员社会团体及公众参与，开展环境与发展领域的国际合作，坚持不懈地推动了可持续发展，取得了令人瞩目的成就。此次会议标志着人类在可持续发展道路上向前迈出了实质性的一步。

117

---

① 国家环境保护总局、中共中央文献研究室：《新时期环境保护重要文献选编》，中央文献出版社、中国环境科学出版社2001年版，第684页。

4.2.2 《中国 21 世纪议程》与党的生态建设战略落实

1992 年 6 月，巴西里约热内卢召开的世界环境与发展大会，在提出可持续发展理念的基础上制定了《21 世纪议程》。这是世界各国实现可持续发展道路的行动纲领。中国政府指出，《21 世纪议程》是在全球区域和各国范围内实行可持续发展的行动纲领，涉及国民经济和社会发展的各个领域，可对我国的环境与发展提供有益参考。[①] 国务院环境保护委员会组织有关部门还制定了环境与发展的行动计划，经综合平衡后纳入"八五"后三年和"九五"计划中付诸实施。

1992 年 7 月，根据《21 世纪议程》的要求，中国政府决定由国家计委和国家科委组织 52 个部门、机构和社会团体编制《中国 21 世纪议程》。1994 年 3 月国务院常务会议讨论通过了《中国 21 世纪议程》，它主要包括以下 4 个方面内容：可持续发展的总体战略、社会可持续发展、经济可持续发展、资源的合理利用与环境保护。为了贯彻《中国 21 世纪议程》，国家科委、国家计委等部门从 550 多个项目中选择了 62 项作为第一批优先项目，范围涉及 9 个领域。[②]《中国 21 世纪议程》立足于中国人口、环境的具体国情，将经济社会发展与人口、资源和环境紧密联系并相互协调，成为推动中国落实和实施可持续发展的指导性文件。

关于实现可持续发展战略的具体应对策略，《中国 21 世纪议程》提出：围绕经济建设这个中心，通过不断深化改革，逐渐建立起完善的社会主义市场经济体制；通过完善多种形式的综合决策机制，加强可持续发展能力建设；将计划生育政策与人口数量和素质以及人口结构紧密结合；适度推广可持续农业技术；加强产业结构调整与布局，推广清洁生产；改善城乡居民生活环境；重大环境污染得到有效控制；履行世界环境公约。在此基础上，《中国 21 世

---

① 国家环境保护总局、中共中央文献研究室：《新时期环境保护重要文献选编》，中央文献出版社、中国环境科学出版社 2001 年版，第 199 页。

② 国家环境保护局：《第四次全国环境保护会议文件汇编》，中国环境科学出版社 1996 年版，第 442 页。

纪议程》还提出了实现可持续发展战略的一系列重大行动：协调可持续发展
管理机制的建立；将保护资源和环境与经济手段运用紧密结合；国民经济核
算体系必须体现资源和环境因素；各级政府的本质职能必须体现资源和环境
工作内容；污染防治实现"两个转变"；通过宣传教育，提高全体民众对可持
续发展的认识。《中国 21 世纪议程》还进一步明确了深化发展各个领域实施
可持续发展的具体计划，如推动可持续发展立法工作，建立可持续发展经济
政策与机制，可持续发展能力的提高，等等。关于可持续发展的国际合作，《中
国 21 世纪议程》强调，推进可持续发展的国际合作是中国改革开放事业的
有机组成部分。中国深刻认识到在全球可持续发展和生态建设中的重要责任，
将主要依靠本国的力量，以积极参与全球生态建设。同时，中国也希望和欢
迎国际社会的资金、技术能给予中国提供必要的帮助与支持。

　　可以看出，《中国 21 世纪议程》实质上就是贯彻可持续发展战略的部署，
已成为中国走向 21 世纪和建设美好绿色家园的新起点。

　　关于《中国 21 世纪议程》，江泽民指出，中国将不遗余力地实施《中国
21 世纪议程》。我们要加强宣传，让全体中国人民明白可持续发展的道理，
坚持走可持续发展的道路。他还指出，在经济快速发展的进程中，一定要注
意协调发展的问题，注意处理好人口、资源、环境与经济和社会发展关系。
如果在发展中不注意环境的保护和改善，是很难可持续地发展下去的。①

　　此后，实施《中国 21 世纪议程》，走可持续发展道路已不再仅仅是一种
关注和呼吁，它已成为中国的发展战略，并且落实到各部门和地方政府的工
作的具体行动上。这样，中国开始更加注重于生态建设与经济社会发展的关
系问题，强调环境保护、经济发展、社会进步这三者之间的协调发展。

　　1994 年国务院就作出决定，《中国 21 世纪议程》将作为中国编制"九五"
计划（1996—2000 年）和到 2010 年长远规划的指导性文件。1995 年 7 月 31
日，邹家华在环保"九五"计划和淮河水污染防治计划汇报会议上提出："环

---

① 　国家环境保护总局、中共中央文献研究室：《新时期环境保护重要文献选编》，中央文献出
版社、中国环境科学出版社 2001 年版，第 231–232 页。

境保护在我们国家整个建设中是一个重要的组成部分"，"现在我们已经到了把经济建设和环保或治理污染当成一个完整的工作来考虑的时候了"。①8月8日，为了加强淮河流域水污染防治，国务院发布了《淮河流域水污染防治暂行条例》。

为了进一步推进《中国21世纪议程》的实施，国务院于1996年8月3日作出了《关于环境保护若干问题的决定》，要求：通过建立环境质量领导负责制来明确环保目标；将区域环境问题作为突出重点；严把新污染控制关；限期达标促进污染治理；严格落实防治转嫁废弃物污染的措施；生态平衡与自然资源合理开发；完善环境保护投入政策；严格依法监督环境；环境科研与发展环保产业；生态教育与全民环境意识的提高。此外，《关于环境保护若干问题的决定》还提出，通过在全国建立主要污染物排放指标体系以及定期公布制度，促进实施污染物排放总量控制。1996年3月17日，第八届全国人民代表大会批准的《中华人民共和国国民经济和社会发展"九五"计划和2010年远景目标纲要》明确规定：创造条件实施污染物排放总量控制，力争到2000年基本控制全国生态破坏加剧的趋势，使得部分城市和地区的生态环境质量得到改善。

此间，《国家环境保护"九五"计划和2010年远景目标》还就"污染物排放量控制"作出具体规定，并制定了《"九五"期间全国主要污染物排放总量控制计划》。《"九五"期间全国主要污染物排放总量控制计划》指出，"我国环境污染已经十分严重，在不少地区有些污染物排放总量已明显超过环境承载能力。随着经济发展和人口增长，污染物排放总量还会增加。为实现'九五'计划环境保护目标，必须严格控制污染物排放总量"；并进一步强调，"我国环境污染严重的症结在于经济增长的粗放经营。……，实施污染物排

---

① 国家环境保护总局、中共中央文献研究室：《新时期环境保护重要文献选编》，中央文献出版社、中国环境科学出版社2001年版，第272页。

放总量控制是推行可持续发展战略的需要"。[①]为此，《"九五"期间全国主要污染物排放总量控制计划》中提出了污染物排放总量控制的基本原则：第一，指标筛选。经筛选后的指标不仅包括环境危害大，而且是国家重点控制的一些主要污染物，这些指标也必须是环境监测与统计手段都能够支持的。第二，总量分解。一是服从总目标。到2000年，全国主要污染物排放总量控制在"八五"末期水平上，总体上不得突破。二是突出重点。凡属于"九五"期间国家重点污染物排放总量控制的地区和流域，相应控制的污染物排放总量应当有所降低。三是区别对待。根据不同地区经济与环境状况，适当照顾地区差别。四是优化扶持。这是为了进一步落实环境保护基本国策，实施可持续发展战略的重要措施。

1996年9月3日，《国务院关于〈国家环境保护"九五"计划和2010年远景目标〉的批复》再次要求：到2000年，力争基本控制环境污染和生态破坏加剧的趋势，改善部分城市与地区的生态环境质量，建成若干生态良性循环示范城市和地区；到2010年，通过贯彻可持续发展战略，建成一批环境清洁优美的生态城市和地区。为此，国务院还提出了相应的方针、政策及主要任务。为了适应经济增长方式转变和实施可持续发展战略的需要，推动资源综合利用工作，1996年8月31日，国家经贸委、财政部、国家税务总局在向国务院提交的《关于进一步开展资源综合利用的意见》中提出7条具体相关意见。同日，国务院批转上述《意见》并发出通知指出，"开展资源综合利用，是我国一项重大的技术经济政策，也是国民经济和社会发展中的一项长远的战略方针，对于节约资源，改善环境，提高经济效益，促进经济增长方式由粗放型向集约型转变，实现资源优化配置和可持续发展都具有重要的意义"[②]。

《中国21世纪议程》实施以后，全国各部门各地方都应积极行动起来，

---

① 国家环境保护总局、中共中央文献研究室：《新时期环境保护重要文献选编》，中央文献出版社、中国环境科学出版社2001年版，第414~415页。

② 国家环境保护总局、中共中央文献研究室：《新时期环境保护重要文献选编》，中央文献出版社、中国环境科学出版社2001年版，第397页。

结合本部门、本地方的实际情况加以推进实施。在随后制定的国家及部门"九五"计划和 2010 年规划中，《中国 21 世纪议程》作为重要目标和内容得到了具体体现。

为了进一步促进各级决策管理部门和广大民众自觉地参与《中国 21 世纪议程》的实施，国家计委和国家科委还专门组织了将《中国 21 世纪议程》纳入国民经济和社会发展计划的培训活动。到 1996 年为止，培训活动先后举办了 7 期[1]，重点培训了中央各部门、各省市分管计划的干部。这一工作做得非常及时，抓住了制定"九五"计划的机会，对贯彻国务院决定，将《中国 21 世纪议程》的有关内容纳入各级政府部门的计划中予以实施，推进各部门和各地方的可持续发展起到了重要作用。

经过努力，到 1996 年第四次全国环境保护会议召开前，全国已有 16 个省、市、县成立了"21 世纪议程"领导小组，30 个地方政府已制定和正在着手制定自己的"21 世纪议程"行动计划；23 个部门作出了将《中国 21 世纪议程》纳入"九五"计划的决定，其中 19 个部门已经和正在编制部门的"21 世纪议程"行动计划[2]。国家科委也于 1995 年推出可持续发展的科技行动计划，在"九五"期间开始实施。为了进一步推进《中国 21 世纪议程》的实施，国家计委、国家科委还分别于 1995 年 11 月、12 月，召开了地方实施《中国 21 世纪议程》典型范例经验交流会和全国贯彻实施《中国 21 世纪议程》汇报交流会。据统计，到 1996 年，《中国 21 世纪议程》第一批优先项目计划的实施已取得了较大的进展。其中，已有 9 个国际组织、11 个外国政府和 11 个企业及非政府组织对 62 个优先项目中的 52 个项目表达了不同程度的合作意向，[3] 包括气候变化国家研究、江西省山江湖区域开发整治、黄河三角洲地区的资源开发与环境

---

① 国家环境保护局：《第四次全国环境保护会议文件汇编》，中国环境科学出版社 1996 年版，第 194 页。

② 国家环境保护局：《第四次全国环境保护会议文件汇编》，中国环境科学出版社 1996 年版，第 194 页。

③ 国家环境保护局：《第四次全国环境保护会议文件汇编》，中国环境科学出版社 1996 年版，第 194 页。

保护、中国自然灾害综合评估及上海浦东新区减灾示范等优先项目，还有一批相关合作项目也进入实质性洽谈和筹备阶段。另外，许多国际组织、政府和公司，就《中国 21 世纪议程》优先项目频频访华，探讨与中方的合作。在此基础上，经过各级政府、有关部门和全社会的共同努力，到 2000 年底，中国有 12 项主要污染物排放总量比 1995 年下降了 15% 左右，16 个省、自治区、直辖市完成了国家下达的控制指标。据各省、自治区、直辖市上报的统计数据，全国 23.8 万家工业污染企业中，有 97.7% 实现了达标排放（治理达标的占 74.4%，关停的占 19.2%）。[①] 由于部分企业关停是受市场因素影响，少数企业则是为了突击达标，或是因为治理技术及设备不过关，以及环境监测与监控能力跟不上等，全国工业污染达标率应在 90% 以上，其中，重点污染源的达标率在 85% 以上。国家考核的 46 个重点城市中，有 34 个城市的地面水环境质量和 23 个城市的空气质量按功能区达标。[②]

可以说《中国 21 世纪议程》的制定和实施，对党中央把可持续发展作为社会主义现代化建设的一个重要战略，起到了重要的推动作用。关于联合国环境与发展大会以后全世界实施可持续发展的情况，世界银行一位专家在他所著的书中说，"里约会议的高潮之后是一阵使人痛苦的沉默"[③]。确实如此，在会后的两三年内，全球一片沉寂，没什么大反应。但是，中国却在会后一个月内，就制定出了十大对策；1994 年初制定《中国 21 世纪议程》后，中国成为世界上第一个制定出可持续发展行动计划的国家，在国际上引起了广泛的影响。中国在社会主义现代化建设事业中正在按照可持续发展的原则认真加以实施，表明了党和政府对生态建设的高度重视。

123

---

① 《改革开放中的中国环境保护事业 30 年》编委会：《改革开放中的中国环境保护事业 30 年》，中国环境科学出版社 2010 年版，第 50 页。

② 《改革开放中的中国环境保护事业 30 年》编委会：《改革开放中的中国环境保护事业 30 年》，中国环境科学出版社 2010 年版，第 50 页。

③ 曲格平：《梦想与期待：中国环境保护的过去与未来》，中国环境科学出版社 2000 年版，第 82 页。

4.2.3 污染防治与生态保护并重：可持续发展战略提升

可持续发展概念主要着眼于环境与经济社会发展的关系问题，强调环境保护、经济发展、社会进步三者之间的协调发展。联合国环境与发展会议之后，党中央在实施可持续发展战略的过程中，在全面加强污染治理的同时，更加重视自然生态建设，明确指出保护环境的实质就是保护生产力，要坚持污染防治和生态保护并重。

随着中国改革开放进程加快和国民经济进入高速发展阶段，第二次全国工业污染防治工作会议于 1993 年 10 月 22 日召开。会议通过对工业污染防治存在主要问题进行客观分析，认真总结工业污染防治工作的经验与教训，提出了工业污染防治必须实行清洁生产，实现 3 个转变，即在污染防治范围、内容、方法上转变。这些转变标志着中国在工业污染防治方面发生了崭新的变化。

第一，在污染防治范围上，开始由侧重于污染末端治理逐渐转变为工业生产全过程控制。由于单纯的末端治理只注重环境效益而不注重经济效益，因而，往往被企业视为额外负担而处于被动状态。因此，必须把这项工作的立足点放到全过程控制污染上来，通过节能、降耗、减少污染，取得事半功倍的效果。过去，在经济大发展的初期，我们侧重于污染排放的末端控制和治理。今后，我们必须坚决落实'预防为主'的方针，对一切新建的企业和正在进行技术改造的企业，必须实行对工业污染的全程控制。[①]为此，从1993 年起，中国开始推行清洁生产，创建现代工业文明。实现清洁生产是实现可持续发展的要求，是中华民族生存和发展的必需，是国内外 20 多年来工业污染防治的有益经验。[②]1994 年出台的《全国环境保护工作纲要（1993—1998）》要求建立和推行环境标志制度，将环境标志从生产拓展到产品消费的

---

① 国家环境保护总局、中共中央文献研究室：《新时期环境保护重要文献选编》，中央文献出版社、中国环境科学出版社 2001 年版，第 208 页。
② 国家环境保护总局、中共中央文献研究室：《新时期环境保护重要文献选编》，中央文献出版社、中国环境科学出版社 2001 年版，第 210 页。

"从摇篮到坟墓"全过程。"九五"期间,国家又大力限制资源消耗大、污染严重、技术落后的产业发展,压缩其生产能力,并取缔、关停了8.4万家"十五小"企业[①],淘汰了一大批小煤矿、小钢铁、小水泥等企业,从源头上减少了经济发展对资源的破坏和对环境的污染。

第二,在污染防治的内容上,由重浓度控制逐渐转变为浓度和总量双轨控制。浓度控制在污染防治方面起到了一定的作用,但控制不住污染排放总量的增加,不能有效地改善区域环境质量。因此,有必要实行浓度与总量双轨控制,使污染物总量逐步消减,从而使区域和流域的环境质量得到改善。此前,中国主要是按照污染物的浓度排放标准对污染进行控制。可是,随着全国经济迅速增长,即使中国某一地区或某一行业的所有污染源达到达标排放,但全国范围内污染物总量仍将继续增加,这就不可避免地导致全国污染形势加剧。1996年8月,国务院发布《关于环境保护若干问题的决定》,提出,到2000年全国所有工业污染源排放物要达到国家或地方规定的标准;各省、自治区、直辖市要使本辖区主要污染物排放总量控制在国家规定的排放总量指标内,环境保护和生态破坏加剧的趋势得到基本控制;直辖市及省会城市和重点旅游城市的环境空气、地面水环境质量,按功能区分别达到国家规定有关标准。[②]

第三,在污染防治的方法上,由分散的点源治理逐渐转变为集中控制与分散治理相结合。分散治理对难降解、不宜集中处理的污染物还是十分必要的,但不能发挥规模效益,也难以解决区域性、行业性污染问题。而实行集中控制与分散治理相结合有利于充分发挥环境污染治理资金的规模效益。

这期间,中国在加强对城市和工业污染防治的基础上,开展了对重点地区和重点流域环境污染的治理。1996年9月,国务院批复实施了《中国跨世

---

① 《改革开放中的中国环境保护事业30年》编委会:《改革开放中的中国环境保护事业30年》,中国环境科学出版社2010年版,第48页。

② 国家环境保护总局、中共中央文献研究室:《新时期环境保护重要文献选编》,中央文献出版社、中国环境科学出版社2001年版,第388页。

纪绿色工程规划》。制定《中国跨世纪绿色工程规划》的目的就是组织国家有关部门、地方和企业，针对一些重点地区、重点流域和重大环境问题以及履行国际公约的要求，集中财力、物力，实施一系列工程措施，带动全局向环境污染和生态破坏宣战。该工程在"九五"期间和21世纪初的十年分三期实施。当时，实施这一项目已经有了一个良好的基础，很多省、市从"八五"期间就开始制定并实施大规模的环保行动计划，如辽宁的"五二四"工程、江苏的"五大工程、三大战役"、浙江的"六个一"工程、甘肃的"蓝天计划"等，一大批流域性、区域性重点污染已被纳入治理计划并着手实施。《中国跨世纪绿色工程计划》把这些项目筛选后集中起来，有利于统一组织协调，加强管理，也便于取得国内外的广泛支持。

这期间，中国在加强污染防治的同时，开始了大规模的自然生态建设和恢复。"自然资源和生态环境是人类赖以生存和发展的基本条件。人类在长期的社会实践中，认识到保护好自然资源和生态环境，保护好生物多样性，对人类的生存和发展具有极为重要的意义。"[①]进入90年代之后，随着经济规模的迅速扩大，中国环境和资源承受的压力越来越重。"一些地区生态遭到破坏，环境污染严重，成为制约当地经济发展、影响生活质量的重要因素。"[②]第四次全国环境保护会议将生态保护放在了与工业污染防治同等重要的位置上。会议阐明了中国实施可持续发展战略的重要意义，重申了中国坚定不移地落实环保方针、政策和各项措施的决心。会议还提出，自然资源和生态保护要坚持开发利用与保护增值并举，并积极开展生态示范区建设，搞好退化生态区的恢复。1998年和2000年，国务院先后发布的《全国生态环境建设规划》和《全国生态环境保护纲要》，对自然生态建设具有重要的战略意义。

1997年，国务院环境保护委员会审议通过的《中国自然保护区发展规划

---

① 《中国自然保护区发展规划纲要（1996—2010年）》，参见国家环保总局：《自然保护区手册——法规文件选编》，中国环境科学出版社2002年版，第49页。
② 国家环境保护总局、中共中央文献研究室：《新时期环境保护重要文献选编》，中央文献出版社、中国环境科学出版社2001年版，第494页。

纲要（1996—2010年）》指出，保护自然资源和生态环境的一项重要措施是建立自然保护区，自然保护区建设已成为衡量一个国家进步和文明的标准之一，并提出了自然保护区发展规划编制的指导思想：以减缓和控制生态环境恶化、保护自然资源和生物多样性、最终实现自然资源的持续利用和自然生态系统良性循环为目的；根据国情和国力，近期从抢救保护角度出发，合理确定规划目标和划定保护区域；到规划期末，在全国范围内，建成布局合理、类型齐全、管理科学、执法严格的自然保护区网络，使我国的自然保护事业接近或达到国际先进水平。《中国自然保护区发展规划纲要（1996—2010年）》还就自然保护区发展规划编制的基本原则以及规划目标、规划方案作了明确规定。

由于防治污染和保护生态都是关系可持续发展的大事，温家宝于1998年5月6日在国家环保总局干部会上再次提出：坚持防治污染和保护生态并重。他强调："在保护生态方面，当前，各级政府和环保部门要着重抓好三个方面的工作：一是摸清全国生态环境破坏的情况。对因自然或历史原因形成的生态环境脆弱区，要采取有效措施，遏制环境继续恶化的趋势。二是正确处理资源开发利用与生态保护的关系。加强监督管理，采取法律、经济、行政和技术手段，防止在资源开发中破坏生态环境。三是总结推广有效保护生态环境和生物多样性的典型。充分发挥广大人民群众保护环境的积极性，通过全社会的共同努力，建设山川秀美、江河清澈的大好山河"。[1]

1998年长江特大洪水后，中共中央提出了全面停止长江、黄河上中游天然林采伐，禁止毁林开荒、围湖造田，明确提出有计划退田还湖、还林、还草的要求，并把生态恢复和建设列为西部大开发的首要任务，启动大规模恢复和建设中国生态环境行动。这一史无前例的行动，表明了党和国家对中华民族和人民高度负责的精神及实施可持续发展战略的决心和信心，也标志着中国生态建设历史性的转折。

在此基础上，根据党中央的指示，国务院于1998年11月又印发了《全

127

---

[1] 国家环境保护总局、中共中央文献研究室：《新时期环境保护重要文献选编》，中央文献出版社、中国环境科学出版社2001年版，第501页。

国生态环境建设规划》。其中指出，"生态环境是人类生存和发展的基本条件，是经济、社会发展的基础。保护和建设好生态环境，实现可持续发展，是我国现代化建设中必须始终坚持的一项基本方针"。[①] 各地应结合本地区的具体情况，因地制宜地制定本地区的生态环境建设规划，调动亿万群众的积极性，组织全社会的力量，投入生态建设。

《全国生态环境建设规划》从中国生态建设的实际情况出发，围绕全国陆地生态建设的若干重要方面进行部署，主要包括：天然林等自然资源保护、植树种草、水土保持、防治荒漠化、草原建设、生态农业等。文件确立了中国生态环境建设的基本原则：坚持统筹规划，突出重点，量力而行，分步实施，优先抓好对全国有广泛影响的重点地区和重点工程；坚持按客观规律办事，从实际出发，发挥综合治理效益；坚持依法保护和治理生态环境，使生态环境保护和建设法制化。文件还提出了中国生态环境建设的近期、中期和远期目标。其中，近期目标：从规划发布起，到 2010 年，用大约 12 年的时间，坚决控制住人为因素产生新的水土流失，努力遏制荒漠化的发展。中期目标：从 2011 年到 2030 年，在遏制生态环境恶化的势头之后，大约用 20 年的时间，力争使全国生态环境明显改观。远期目标：从 2031 年到 2050 年，再奋斗 20 年，全国建立起基本适应可持续发展的良性生态系统。

关于中国生态建设与环境保护的总体设计及布局，《全国生态环境建设规划》要求，针对我国东部地区生态环境相对较好、西部地区生态环境恶劣、中部地区生态环境脆弱的特点，参照全国土地、农业、林业、水土保持、自然保护区等规划和区划，将全国生态环境建设分为 8 个类型地区：黄河上中游地区、长江上中游地区、"三北"风沙综合防治区、南方丘陵红壤区、北方土石山区、东北黑土漫岗区、青藏高原冻融区、草原区。《全国生态环境建设规划》还提出了优先实施的重点地区和重点工程，要求将"持久的奋斗和阶段性攻坚结合起来，把全面推进和重点突破结合起来。继续抓好正在实施

---

① 国家环境保护总局、中共中央文献研究室：《新时期环境保护重要文献选编》，中央文献出版社、中国环境科学出版社 2001 年版，第 512 页。

的'三北'防护林体系等各类生态环境建设工程，广泛发动群众持久地开展
植树种草，治理水土流失，防治荒漠化，建设生态农业"。还要求今后 5 年和
到 2010 年，国家把生态环境最脆弱，对改善全国生态环境最具影响，对实现
近期奋斗目标最为重要的黄河长江上中游地区、风沙区和草原区作为全国生
态环境建设的重点地区，集中力量予以支持，力争在短时期内有所突破。①

　　为了进一步实施《全国生态环境建设规划》，加强自然生态建设，国家
环境保护总局于 1999 年 4 月组织编制《全国环境保护系统国家级自然保护区
发展规划（1999—2030 年）》，其中提出，"自然保护区建设是保护自然资源
和自然环境的重要措施之一，尤其是国家级自然保护区，由于其主要保护对
象在全国乃至全球具有极高的科学、文化和经济价值，因而在自然资源和自
然环境的就地保护方面作用更为显著"②。

　　2000 年 10 月 11 日，中共十五届五中全会通过的《关于国民经济和社会
发展第十个五年计划的建议》强调，"加强生态建设，遏制生态恶化。大力植
树种草，推进东北、华北、西北防护林体系建设，抓好长江上游、黄河上中
游等天然林保护工程，提高国土森林覆盖率。……广泛开展城市绿化。……
加强自然保护区和生态示范区建设，保护陆地和海洋生物多样性"③。

　　为了更进一步实施可持续发展战略，巩固生态建设成果，2000 年 11 月，
国务院印发了国家环境保护总局制定的《全国生态环境保护纲要》，其中指出
"生态环境保护是功在当代、惠及子孙的伟大事业和宏伟工程。坚持不懈地
搞好生态环境保护是保证经济社会健康发展，实现中华民族伟大复兴的需要。
为了全面实施可持续发展战略，落实环境保护基本国策，巩固生态建设成果，
努力实现祖国秀美山川的宏伟目标，特制订本纲要"④；"生态环境继续恶化，

① 　国家环境保护总局、中共中央文献研究室：《新时期环境保护重要文献选编》，中央文献出
版社、中国环境科学出版社 2001 年版，第 523 页。
② 　中共中央文献研究室：《十五大以来重要文献选编（上）》，人民出版社 2000 年版，第 603 页。
③ 　国家环境保护总局、中共中央文献研究室：《新时期环境保护重要文献选编》，中央文献出
版社、中国环境科学出版社 2001 年版，第 684—685 页。
④ 　中共中央文献研究室：《十五大以来重要文献选编（下）》，人民出版社 2003 年版，第 1447 页。

将严重影响我国经济社会的可持续发展和国家生态环境安全"；"资源不合理开发利用是造成生态环境恶化的主要原因"①。《全国生态环境保护纲要》确定了全国生态环境保护的基本原则：坚持生态环境保护与生态环境建设并举；坚持污染防治与生态环境保护并重；坚持统筹兼顾，综合决策，合理开发；坚持"谁开发谁保护，谁破坏谁恢复，谁使用谁付费"制度。还提出了全国生态环境保护目标：遏制生态环境破坏，减轻自然灾害的危害；促进自然资源的合理、科学利用，实现自然生态系统良性循环；维护国家生态环境安全，确保国民经济和社会的可持续发展。

关于全国生态建设与环境保护的主要内容和要求，《全国生态环境保护纲要》又作出明确规定：一是重要生态功能区的生态环境保护。建立生态功能保护区；对生态功能保护区采取一系列保护措施；各类生态功能区的建立，由各级环保部门会同有关部门组成评审委员会评审，报同级政府批准。二是重点资源开发的生态环境保护。主要包括水资源开发利用的生态环境保护，土地资源开发利用的生态环境保护，森林、草原资源开发利用的生态环境保护，生物物种资源开发利用的生态环境保护，海洋和渔业资源开发利用的生态环境保护，矿产资源开发利用的生态环境保护，旅游资源开发利用的生态环境保护。三是生态良好地区的生态环境保护。生态良好地区特别是物种丰富区是生态环境保护的重点地区，要采取积极的保护措施，保证这些区域的生态系统和生态功能不被破坏；重视城市生态环境保护；加大生态示范区和生态农业县建设力度。

《全国生态环境保护纲要》最后还提出了一系列全国生态环境保护的对策与措施：建立和完善生态环境保护责任制；积极协调和配合，建立行之有效的生态环境保护监管体系；保障生态环境保护的科技支持能力；建立经济社会发展与生态环境保护综合决策机制；加强立法和执法，把生态环保纳入法治轨道；认真履行国际公约，广泛开展国际交流与合作；加强生态环境保护的宣传教育，不断提高全民的生态环境保护意识。

---

① 中共中央文献研究室：《十五大以来重要文献选编》（下），人民出版社 2003 年版，第 1448 页。

由上述可以看出，中国共产党在全面推进现代化建设的过程中，在把环境保护作为一项基本国策的基础上，把实现可持续发展作为一个重大战略，在全国范围内开展了大规模的污染防治和生态环境保护。这些生态建设的实际行动表明，中国在发展经济过程中，努力实现经济与环境的协调发展。

4.3 党的生态建设的特点

4.3.1 生态建设路径向综合生态建设转变

环境污染的实质是自然资源没有得到合理、有效利用的一种表现形式。90年代，党的生态建设从单纯的污染治理转向全面的环境综合治理。这期间，中国转变了污染防治工作思路，将浓度控制和总量控制相结合，从源头上和全过程中控制环境污染，实施了跨世纪绿色工程，在一些重点地区和重点领域取得了积极进展。同时，中国不断强化环境保护的两块基石，即环境管理与依靠科技进步。"经过二十年的探索和实践，我国在环境保护的指导思想、战略方针、法规政策等方面形成了自己体系。但为什么我国工业污染的蔓延趋势没有得到彻底遏制呢？究其原因除了资金不足之外，科学技术落后是重要原因之一"。[1]1998年，中国污染治理的投入占GDP的比例上升到近1%，[2]这在中国生态建设的投入上是前所未有的。"九五"期间，中国政府实施了中国跨世纪绿色工程等一系列生态建设重要举措，实现《中华人民共和国国民经济和社会发展"九五"计划和2000年远景目标纲要》提出的环境保护奋斗目标。在此期间，中国基本控制了环境污染和生态破坏不断加剧的趋势，全国范围内一些城市的生态环境质量还得到了改善。

在防治环境污染的同时，中国开展了大规模的国土整治工作，实施了严格的耕地保护措施，对耕地实行谁占用、谁补偿制度，以保证耕地总量的动态平衡；在风沙易发地带和沿江、沿海地区营造防护林带，其中最大的"三北"

---

① 国家环境保护总局、中共中央文献研究室：《新时期环境保护重要文献选编》，中央文献出版社、中国环境科学出版社2001年版，第212页。

② 国家环境保护总局、中共中央文献研究室：《新时期环境保护重要文献选编》，中央文献出版社、中国环境科学出版社2001年版，第364页。

防护林体系横跨 13 个省区, 成为阻止风沙南侵的绿色长城。在生态建设方面, 中国实行了封山育林、退耕还林工程, 上百万伐木工人由砍树人变成了种树人。在矿产资源保护方面, 清理整顿了一大批设备落后、对资源破坏严重的小矿山, 并积极开展固体废弃物综合利用和废旧物资回收利用。2002 年 4 月,《国务院关于进一步完善退耕还林政策措施的若干意见》指出,"退耕还林要坚持生态效益优先, 兼顾农民吃饭、增收以及地方经济发展; 坚持生态建设与生态保护并重, 采取综合措施, 制止边治理边破坏问题; 坚持政策引导和农民自愿相结合, 充分尊重农民的意愿; 坚持尊重自然规律, 科学选择树种; 坚持因地制宜, 统筹规划, 突出重点, 注重实效"[1]。中国政府在生物多样性方面也进行了不懈的努力, 制定了《中国自然保护纲要》《中国生物多样性保护行动计划》, 确定了生物多样性保护的方针、战略以及重点领域和优先项目。中国已建立了 600 多处自然保护区, 约占陆域国土面积的 4%, 大熊猫、扬子鳄、水杉等一大批野生珍稀动植物得到了有效的保护。[2]近海海域, 也普遍实行休渔制度, 以保护海洋渔业资源。

经过长期努力, 中国的生态环境保护和建设取得了较大的成就: 造林绿化取得成效; 草地建设取得阶段性成果; 海洋保护得到加强。通过保护有典型意义的生态系统、自然环境、地质遗迹和珍稀濒危物种, 以维持生物的多样性, 保证生物资源的持续利用和自然生态的良性循环, 这对有 12 亿人口、农业在国民经济中占重要基础地位的中国来说, 显得尤为重要。这时期, 从总体上看, 中国生态环境恶化趋势得到基本遏制, 部分地区有所改善。工业污染防治取得重要进展: 据环境保护总局汇报,"九五"期间在国民经济年均增长 8% 的情况下, 有 12 项主要污染物排放比"八五"末期平均减少了 15% 左右; 关闭、取缔了 8 万家污染严重的小企业; 城市垃圾和污水集中处理率分别提高 12 个百分点和 18 个百分点; 46 个重点城市中, 有 22 个实现了地

---

[1] 中共中央文献研究室:《十五大以来重要文献选编（下）》, 人民出版社 2003 年版, 第 2347 页。
[2] 中共中央文献研究室:《十五大以来重要文献选编（下）》, 人民出版社 2003 年版, 第 2347 页。

面水和空气质量双达标[①]。重点流域、区域污染防治成效显著。"九五"期间，各地共建设和治理了 1245 个重点项目；"三河三湖"污染治理实现了阶段性目标，淮河干流水质有所改善，太湖部分水域的水质恶化趋势有所减缓;滇池、巢湖污染防治作了大量工作。在"两控区"(酸雨控制区和二氧化硫控制区)内，三分之二左右的城市空气二氧化硫浓度达到国家二级标准，一些城市酸雨频率下降、酸雨减轻。北京市的空气质量也有明显好转。上海苏州河黑臭问题已得到解决，运河杭州段污染等一些突出问题已开始缓解。生态环境保护和建设得到明显加强。对现有林区实行了大规模的封山育林，总面积已达 7780万亩；有 13 个省、自治区、直辖市已经全面停止了天然林的采伐；全国森林覆盖率达到 16.5%，建立了 1227 处各类自然保护区和天然林保护区；实施了退耕还林、还草、还湖工程。从 1999 年 10 月起，在长江上中游、黄河上中游等地区开展了退耕还林试点工作。全国已累计退耕还林 1520 多万亩，宜林荒山造林种草 1350 万亩，国家对农民补助粮食 70 多亿斤，提供生活补助 5.8亿元，提供种苗补助 21 亿元。[②] 实施退耕还林，既改善了生态环境，又直接增加了农民收入。

可以看出，这一时期中国对生态建设的认识及行动，经历了一个由单纯注重污染问题到实施综合治理的演变过程，同时也是一个由浅到深、由点到面、由简单到复杂、由政府单一主导到全民参与的发展过程。改革开放以来，中国国民生产总值翻了一番多，而环境质量基本避免了相应恶化的局面，某些方面还有所改善。实践表明，中国实行的经济、社会和环境综合协调发展是有效的。

4.3.2 紧密结合可持续发展理念

改革开放以来，中国经济建设和生态建设取得了巨大成就，但中国面临的生态环境形势还十分严峻，必须变革传统发展方式，寻求一种新的而不是过度向经济倾斜的发展模式，即实现经济与环境相协调的可持续发展。

---

① 中共中央文献研究室:《十五大以来重要文献选编（下)》,人民出版社 2003 年版,第 2186 页。
② 中共中央文献研究室:《十五大以来重要文献选编（下)》,人民出版社 2003 年版,第 2186 页。

　　由于当代生态问题不仅仅是环境污染和自然退化问题，而是一个复杂的社会、经济与自然相互促进、相互制约的复合问题。90 年代后，中国开始实施以防为主、全过程控制的可持续发展的环保战略。1994 年 3 月 25 日，国务院通过《中国 21 世纪议程》，其中指出"可持续发展的前提是发展，既要满足当代人的基本需要，又不危害子孙后代满足其需要的能力"。[①] 中国现阶段应保持较快的经济增长速度，并逐渐改善增长的质量；谋求社会的可持续发展；加强环境保护，经济、社会发展要与资源与环境的承载力相适应，才能逐渐实现中国人口、经济、社会、资源与环境的协调发展。[②] 因此，转变发展战略，走持续发展道路，是加速经济发展、解决环境问题的正确选择。可持续发展概念的提出，从理论上终结了长期以来把发展经济同生态环境对立起来的观点，明确指出了它们应当是相互联系和互为因果的内在规律。党的十四届五中全会指出，在现代化建设中，必须把实施可持续发展作为一个重大战略。要把控制人口、节约资源、保护环境放到重要位置，使人口增长与社会生产力的发展相适应，使经济建设与资源、环境相协调，实现良性循环。[③] 这是对中国可持续发展理论和实践的高度概括。1996 年 7 月，全国第四次环境保护会议强调，"坚定不移地实施可持续发展战略，开创环境保护工作新局面"，[④] 会议还指出，"'九五'期间全国环保工程总的指导思想是：在两个根本性转变中，认真实施可持续发展战略和科教兴国战略，深入贯彻环境保护基本国策，坚持经济建设、城乡建设与环境建设同步规划、同步实施、同步发展的方针，实行环境与发展综合决策，健全环保法规体系和管理体系，依法强化管理，全面加强环保工作，努力实现'九五'环保目标，促进国民

---

①　国家环境保护总局、中共中央文献研究室：《新时期环境保护重要文献选编》，中央文献出版社、中国环境科学出版社 2001 年版，第 233 页。

②　国家环境保护总局、中共中央文献研究室：《新时期环境保护重要文献选编》，中央文献出版社、中国环境科学出版社 2001 年版，第 234 页。

③　中共中央文献研究室：《江泽民论有中国特色社会主义（专题摘编）》，中央文献出版社 2002 年版，第 279 页。

④　国家环境保护局：《第四次全国环境保护会议文件汇编》，中国环境科学出版社 1996 年版，第 31 页。

经济持续、快速、健康发展"。[①]

此后，中国生态建设在可持续发展中不断推进。1996 年 9 月，国务院批复《中国跨世纪绿色工程规划》和《"九五"期间全国主要污染物排放总量控制计划》。其中，《中国跨世纪绿色工程规划》首批共有 1591 个项目，重点突出"三河""三湖"等重污染流域的水污染防治和南方二氧化硫污染控制区及酸雨控制区工程项目；[②]《"九五"期间全国主要污染物排放总量控制计划》则是根据"九五"环保目标制定的，是确保实现这一目标的有力举措。1998 年 11 月，国务院印发《全国生态环境建设规划》，围绕全国陆地生态环境建设的重要方面和重点问题进行规划部署还确立了生态环境建设的总体目标，即用 50 年左右的时间，扭转生态恶化的势头。力争到下世纪中叶，建立起比较完善的生态环境预防监测和保护体系，大部分地区生态环境明显改善，基本实现中华大地山川秀美。[③]

总之，中国实施可持续发展，既不同于发达国家的需要改变消费模式，也不同于其他发展中国家的需要是改变贫穷。因为中国有自己的国情。在这一阶段，中国坚持可持续发展理念，依法保护和合理开发自然资源，开展造林绿化，加强水土保持工程建设，加强生物多样性保护等工作。中国的生态建设进入了生态与经济协调发展的阶段。

---

① 《改革开放中的中国环境保护事业 30 年》编委会：《改革开放中的中国环境保护事业 30 年》，中国环境科学出版社 2010 年版，第 54 页。
② 国家环境保护总局、中共中央文献研究室：《新时期环境保护重要文献选编》，中央文献出版社、中国环境科学出版社 2001 年版，第 420 页。
③ 国家环境保护总局、中共中央文献研究室：《新时期环境保护重要文献选编》，中央文献出版社、中国环境科学出版社 2001 年版，第 518 页。

第 5 章

改革开放和社会主义现代化建设新时期党的生态文明建设理论与实践（下）：践行科学发展观与理论创新

进入新世纪以来，党中央把生态建设摆上更加突出的重要位置，提出了建设生态文明，并将其上升为社会主义建设"五大布局"内容之一，使得生态文明建设进入国家政治、经济、社会的主干线、主战场、大舞台。

5.1　新世纪中国经济发展与严峻生态形势的矛盾

20 世纪 90 年代以来，中国始终把可持续发展作为基本国策。经过坚持不懈地努力，中国在政治、经济、社会、文化全面发展的同时，生态建设步伐加快。同时，中国经济社会发展与资源、环境方面仍然面临着日益突出的矛盾和挑战。

5.1.1　经济增长过程中资源约束加重

新中国成立以来，特别是改革开放以来，党和政府对生态环境问题非常重视，成就也有目共睹。正如《中国的环境保护（1996—2005）》中指出的，经过努力，在资源消耗和污染物产生量大幅增加的情况下，环境污染和生态破坏加剧的趋势减缓，部分流域治理初见成效，部分城市和地区环境质量有所改善，工业产品的污染排放强度有所下降，全社会环境保护意识进一步增强。[1]但是，由于种种原因，特别是长期粗放型经济增长方式，导致自然生态透支过多，环境负荷过大，使日趋脆弱的生态环境成为制约经济持续发展的最大"瓶颈"。党的十四届五中全会确立实现经济增长根本性转变的方针以后，中国虽然在这一方面取得了不少成效，但从总体上看，经济增长方式尚未实现根本转变，随着经济增长速度加快，资源环境面临的压力越来越大。这不仅影响经济短期健康发展，更为重要的是，将严重制约长期可持续发展和全面建设小康社会目标的顺利实现。进入新世纪，中国经济发展面临的资源环境制约越来越明显，生态系统退化，自然灾害频发，生态环境状况总体恶化趋势没有从根本上得到遏制。

从自然资源方面看，中国自然资源总量相对来说还是比较高的，但如果按照人均水平计算，则显得很低。从支撑经济持续增长角度看，中国的能源和重要矿产资源都非常短缺；从维系人们基本生存的角度看，中国的耕地和淡水资源，也都显得严重不足。据统计，中国人均耕地 0.1 公顷，相当于世界平均水平的 42%。中国多年平均水资源总量为 28100 亿立方米，人均淡水资源量 2257 立方米，为世界人均水平的 27%。中国是少林的国家，森林面积 1.59 亿公顷，约占世界森林面积的 4%；人均森林面积仅为 0.12 公顷，人均蓄积量 8.9 立方米，分别为世界人均水平的 20% 和 12.5%。[2]矿产资源种类不全，有的虽储量不少，但品位低，开采难度大。大多数矿产资源人均拥有量不到世界的一半。在资源短缺的同时，资源破坏和浪费问题非常突出。国际经验表明，随着工业化和城镇化进入中期阶段，资源消耗也必然进入增长阶段。中国以往依靠的是粗放型经济发展模式，随着中国社会工业化程度的不断加深，中国面临的生态环境问题会更加严重。而造成这一严峻局面的因素复杂而深刻，除了粗放型经济增长方式，还包括以煤为主的能源结构、巨

---

[1]　《改革开放中的中国环境保护事业 30 年》编委会：《改革开放中的中国环境保护事业 30 年》，中国环境科学出版社 2010 年版，第 357 页。

[2]　本书编写组：《十六大报告辅导读本》，人民出版社 2002 年版，第 127 页。

大的人口规模和消费转型、全面快速的城市化、经济全球化以及对待自然的价值观等诸多原因，形成了"罗马俱乐部"①所称的"世界问题复合体"。虽然利用境外资源是化解中国资源瓶颈约束的重要途径之一，但是随着发展中国家相继步入工业化阶段，形成了全球资源性产品新一轮的需求高峰，化解资源短缺与经济快速增长的矛盾将是中国必须面对的挑战。

5.1.2 生态环境总体恶化趋势未根本改变

资源消耗大的结果是环境污染，生态环境问题的背后是资源的过度消耗。中国生态环境问题是伴随着工业化、城市化进程的逐步加快而日益显现的。改革开放至 20 世纪末，中国国民生产总值翻了两番，污染物排放的增长速度也明显低于经济增长速度，部分地区和城市的一些环境质量指标基本保持稳定，有的还在一定程度上有所改善。但是，中国工业化还处于发展阶段，现代化管理水平不高，工业布局和产业结构需要进一步调整，技术装备和生产工艺比较落后，因此，防治工业污染仍是中国环境保护的一项艰巨任务。进入 21 世纪，中国生态环境形势依然相当严重，主要表现在：污染排放总量还相当大，远远高于环境自净能力；工业污染治理任务仍然相当繁重，有些经过治理的地方又出现了反复，城镇生活污染比重明显增加；不少地区农业水质、土质污染日益突出，有些地方的农产品有害残留物严重超标，影响人体健康和产品出口；部分地区水土流失、荒漠化还在加剧。②在经济规模扩大和人民生活水平提高的过程中，中国生态环境恶化趋势仍未根本扭转。如，工业固体废弃物产生量由 1990 年 5.8 亿吨上升到 2000 年 8.16 亿吨，其中只有少数经过无害化处理；全国水土流失面积已达到 3.6 亿公顷，约占国土面积的 38%，并且仍在继续增加；全国每年流失土壤 50 亿吨；退化、沙化、盐碱化草地总面积达 135 万平方千米。近岸海域水质恶化，赤潮频繁发生。据不完全统计，全国每年由于环境污染造成的捕捞产量损失约 50 万吨，

---

① 罗马俱乐部是国际知名的民间学术团体，成立于 1968 年，总部设在意大利罗马，其宗旨是研究人类发展重大问题，1972 年发布了著名的《增长的极限》。

② 中共中央文献研究室：《十五大以来重要文献选编（下）》，人民出版社 2003 年版，第 2187 页。

经济价值 30 亿元。[①]2002 年以后，中国又进入新一轮工业扩大时期，高能耗、高排放产业发展迅速，给环境资源带来巨大冲击。中国生态环境状况难以支撑这种高污染、高消耗、低效益生产方式的持续扩张。生态环境恶化难以根本好转，还有一个深层次原因是生态建设的资金投入不足，留下巨额生态赤字。据有关专家观测，中国人均生态足迹（自然资源消耗量）从 1961 年的 0.76 公顷逐渐增加到 2003 年的 1.55 公顷，生态承载能力和生态盈余则从 1.43 公顷和 0.68 公顷下降到 0.73 公顷和 −0.82 公顷[②]。1978 年，中国进入生态赤字阶段后，生态环境每况愈下。到 2003 年生态赤字高出世界平均水平近一倍。专家预测显示："十五"期间，中国年均生态赤字约达 1 万亿元人民币，总额为 5 万亿元以上[③]。生态赤字带来的后果，就是环境恶化、灾害加重、发展不可持续。中国是世界上最大的发展中国家，正处于全面建设小康社会、加快转变经济发展方式的关键时期。中国的基本国情、所处的发展阶段和现实情况都表明，发展经济改善民生的任务十分繁重，经济转型的要求迫切，生态建设也任重道远。

实践证明，脱离生态建设搞经济发展是"竭泽而渔"，离开经济发展抓生态建设是"缘木求鱼"。经济发展决定人们的生活水平，生态环境决定人们的生存条件。生态问题不能用停止发展的办法解决，优先保护生态环境，不是反对经济社会发展。生态建设的核心是要正确处理保护与发展的关系，在发展中保护生态环境，用良好的生态环境保证可持续发展。

5.2 党的生态文明建设理论的形成过程

5.2.1 党的十六大：提出走生态良好的文明发展道路

加强生态建设和探索维护生态安全，是 21 世纪世界各国面临的共同任务，

---

① 《十六大报告辅导读本》，人民出版社 2002 年版，第 127 页。

② 《改革开放中的中国环境保护事业 30 年》编委会：《改革开放中的中国环境保护事业 30 年》，中国环境科学出版社 2010 年版，第 357 页。

③ 《改革开放中的中国环境保护事业 30 年》编委会：《改革开放中的中国环境保护事业 30 年》，中国环境科学出版社 2010 年版，第 357 页。

也是中国实现经济社会可持续发展的重要条件。进入新世纪以后，党在可持续发展理念基础上，提出了走生态文明的发展道路。

2002 年，党的十六大科学揭示了中国经济社会发展在新世纪新趋势下表现出的新特点，明确了"全面建设小康社会，开创建设中国特色社会主义事业新局面"的目标。全面建设小康社会，不仅包括经济、政治、文化和社会建设统一体，还包括生态文明建设。因为生态环境一旦遭到破坏，往往难以治理甚至不可逆转，最终给社会发展和人民生活带来严重后果。这就要求必须切实解决好生态文明建设这一关系全面发展的重大问题。为此，党的十六大把"可持续发展能力不断增强，生态环境得到改善，资源利用效率显著提高，促进人与自然的和谐，推动整个社会走向生产发展、生活富裕、生态良好的文明发展之路"[①] 列为全面建设小康社会的四大目标之一。这一目标的确立，是党的生态建设理论和实践的崭新突破，具有里程碑意义。

党的十六大以后，以胡锦涛为总书记的党中央在领导全国人民将全面建设小康社会伟大事业不断推向前进，并在实践中审时度势，树立和落实科学发展观，推动生态文明道路内涵的深化。

1. 树立和落实科学发展观，统筹人与自然和谐发展

由于中国正处于并将长期处于社会主义初级阶段，发展是解决中国一切问题的总钥匙。"全面建设惠及十几亿人口的更高水平的小康社会，要在促进经济发展、加快社会进步的同时，不断增强可持续发展能力，明显改善生态环境，显著提高资源利用率。"[②] 但是，中国的发展面临两大矛盾：一个是不发达的经济与人们日益增长的物质文化需求的矛盾，这将是长期的主要矛盾；另一个是经济社会不断发展与庞大的人口及有限的资源环境之间的矛盾，这个矛盾随着经济社会发展越来越突出。为了推动生态文明的发展道路的实

---

① 中共中央文献研究室：《十六大以来重要文献选编（上）》，中央文献出版社 2005 年版，第 15 页。

② 《新华月报》编辑部：《十六大以来党和国家重要文献选编（上）》，人民出版社 2005 年版，第 957 页。

施，党和政府于 2003 年 7 月 24 日制定《中国 21 世纪初可持续发展行动纲要》，明确 21 世纪中国实施可持续发展战略的目标、基本原则、重点领域及保障措施等。中国实施可持续发展战略的指导思想："坚持以人为本，以人与自然和谐为主线，以经济发展为核心，以提高人民群众生活质量为根本出发点，以科技和体制创新为突破口，坚持不懈地全面推进经济社会与人口、资源和生态环境的协调，不断提高我国的综合国力和竞争力，为实现第三步战略目标奠定坚实的基础"[①]。发展目标：可持续发展能力不断增强，经济结构调整取得显著成效，人口总量得到有效控制，生态环境明显改善，资源利用率显著提高，促进人与自然和谐，推动整个社会走上生产发展、生活富裕、生态良好的文明发展道路。可持续发展战略重点领域涉及经济发展，社会发展，资源优化配置、合理利用与保护，生态保护和建设，环境保护和污染防治能力建设。保障措施有：运用行政手段提高可持续发展的综合决策水平；运用经济手段建立有利于可持续发展的机制；运用科教手段为推进可持续发展提供有力支撑；运用法律手段提高实施战略的法制化水平；运用示范手段做好重点区域和领域的示范工作；加强国际合作为可持续发展创造良好环境。

2003 年 10 月，党的十六届三中全会召开。面对现代化建设的新形势和新任务，会议第一次明确提出了科学发展观，并将其基本内涵概括为"坚持以人为本，树立全面、协调、可持续的发展观，促进经济社会和人的全面发展"，按照"统筹城乡发展、统筹区域发展、统筹经济社会发展、统筹人与自然和谐发展、统筹国内发展和对外开放"的要求推进各项事业的改革和发展的方法论[②]。科学发展观理论，从政治高度和科学角度为中国实现走生态文明的发展道路描绘了蓝图、指明了方向。在 2004 年的中央人口资源环境工作座谈会上，胡锦涛再次强调：统筹人与自然，促进经济社会发展和资源、环境的协调，

---

① 《新华月报》编辑部：《十六大以来党和国家重要文献选编（上）》，人民出版社 2005 年版，第 1097 页。

② 中共中央文献研究室：《十六大以来重要文献选编（上）》，中央文献出版社 2005 年版，第 465 页。

最终实现一代接一代地永续发展目标。这表明，走生态文明的发展道路已成为党和国家实现国家富强、民族复兴、社会和谐的内在要求和社会经济发展的基本要素。

2005年2月，胡锦涛在省部级主要领导干部提高构建社会主义和谐社会能力专题研讨班上的讲话中指出，"我们所要建设的社会主义和谐社会，应该是民主法治、公平正义、诚实友爱、充满活力、安定有序、人与自然和谐相处的社会"。① 党的十六届六中全会通过的《中共中央关于构建社会主义和谐社会若干重大问题的决定》中又指出，构建社会主义和谐社会的目标和主要任务之一就是提高资源利用效率，改善生态环境；实现科学发展观重要内容之一也是促进人与自然的和谐。②

此后，全国环保模范城市、生态城市和环境优美乡镇的涌现，一些焕发青春活力、"绝处逢生"的资源枯竭成功转型（如焦作、鹤壁、阜新、大庆、伊春和皖北煤电集团、祁东煤矿等），都充分说明树立和落实科学发展观，是走出生态恶化加剧、实现可持续发展的必由之路。

树立科学发展观，统筹人与自然和谐发展，是以胡锦涛为总书记的党中央提出的中国经济社会发展的新的战略理论，是党的执政理念的一次重要升华，也表明党对社会主义现代化建设规律认识的进一步深化及对中国特色生态建设道路的丰富和发展。

2. 调整经济结构和转变经济增长方式

长期以来，中国实行粗放型经济增长方式，在生态环境方面付出了很大的代价。党的十六大报告明确提出，中国在新世纪头20年经济建设的主要任务之一，是基本实现工业化。但是，中国人口基数大，人均资源相对不足，生态环境脆弱。中国单位资源产出水平相当于美国的1/10、日本的1/20，单

---

① 本书编写组：《生态文明建设学习读本》，中共中央党校出版社2007年版，第30页。
② 中共中央文献研究室：《十六大以来重要文献选编（下）》，中央文献出版社2008年版，第651页。

位 GDP 二氧化硫和氮氧化合物排放量是发达国家的 8—9 倍。[①] "发达国家上百年工业化过程中分阶段出现的环境问题，在我国已经集中出现。"[②] 生态破坏和环境污染，造成了巨大的经济损失，给人民生活和健康带来严重威胁。由于中国已经进入工业化、城镇化加快发展的阶段，这个阶段往往又是资源环境矛盾凸现的时期。靠过量消耗资源和牺牲环境维持经济增长是不可持续的。粗放型经济增长方式不仅使经济发展质量难以提高，资源环境也不堪重负。因此，促进经济增长方式的转变已经成为中国推动可持续发展的重大任务之一。环境污染与产业结构、能源结构、技术水平和产业集中都有着密切关系，呈现出典型的结构型污染。转变生产方式，从源头上减少污染物的产生，是保护环境的治本措施。

贯彻落实科学发展观，就是要加快转变经济增长方式，积极调整经济结构，落实节约资源、保护环境的基本国策，实现经济效益、社会效益、环境效益相统一。为此，党的十六大又郑重地提出"走新型工业化道路"，并在党的十六大报告中明确指出，"坚持以信息化带动工业化，以工业化促进信息化，走出一条科技含量高、经济效益好、资源消耗低、环境污染少、人力资源优势得到充分发挥的新型工业化路子"[③]。

在 2005 年中央人口资源环境工作座谈会上，胡锦涛提出：我国经济结构特别是产业结构仍然处于较低层次，经济增长方式仍然比较粗放，这些问题的后果是"生态系统的整体功能下降，制约经济社会的发展，影响人民群众身体健康，人口与资源环境的矛盾日益尖锐"[④]。因此，必须"真正把做好工作的着力点放到调整经济结构和转变经济增长方式上来"。他强调调整经

143

① 国家环境保护总局：《第六次全国环境保护大会文件汇编》，中国环境科学出版社 2006 年版，第 170 页。

② 国家环境保护总局：《第六次全国环境保护大会文件汇编》，中国环境科学出版社 2006 年版，第 3 页。

③ 中共中央文献研究室：《十六大以来重要文献选编（上）》，中央文献出版社 2006 年版，第 16 页。

④ 中共中央文献研究室：《十六大以来重要文献选编（中）》，中央文献出版社 2006 年版，第 820 页。

济结构、转变经济增长方式的关键是"切实支持科技进步和创新的组织体系、运行机制、政策环境，大力提高自主创新能力特别是原始性创新能力"，"推动技术进步方面不断取得突破，为经济发展提供强大科技支撑"，[①] 尽快实现经济发展由"主要依靠增加物质资源向主要依靠科技进步、劳动者素质提高、管理创新转变"，"努力走出一条科技含量高、经济效益好、资源消耗低、环境污染少、人力资源优势得到充分发挥的新型工业化路子"。[②]

3. 建立资源节约型、环境友好型社会

党的十六大以后，党中央为了进一步落实科学发展观，又提出建设资源节约型、环境友好型社会，并将其确立为国民经济与社会发展的一项战略任务。

加强生态环境保护，是构建社会主义和谐社会的重要内容。生态问题如果处理不好，就会影响经济可持续发展，影响社会稳定。"2005 年，全国发生环境污染纠纷 5.1 万起。自松花江水污染事件发生以来，全国发生环境事件 76 起，平均每两天就发生一起。如果环境保护继续被动适应经济增长，这种状况将难以遏制，甚至有愈演愈烈之势"。[③] 针对现实情况，党深刻认识到切实抓好资源节约型、环境友好型社会建设，对于中国实现走生态良好的文明发展道路是极端重要的。

2005 年 10 月，党的十六届五中全会提出，加快推进资源节约型、环境友好型社会建设。这是党中央紧密结合中国国情，借鉴当代国际先进发展理念，着力解决中国经济发展与资源环境矛盾的一项重大决策，对于全面落实科学发展观，不断提高资源环境保障能力，实现国民经济又好又快发展具有重要意义。这一战略目标和任务的确立，也是党中央第一次在国民经济与社会发展中长期规划中将"建设资源节约型、环境友好型社会"确定为一项重

---

① 中共中央文献研究室：《十六大以来重要文献选编（中）》，中央文献出版社 2006 年版，第 818 页。

② 中共中央文献研究室：《十六大以来重要文献选编（中）》，中央文献出版社 2006 年版，第 818 页。

③ 国家环境保护总局：《第六次全国环境保护大会文件汇编》，中国环境科学出版社 2006 年版，第 91 页。

要任务。这不仅体现了党和政府对生态建设的高度重视，同时也实现了党在生态观上的一次重大发展与提升，党的生态建设进入了全新的发展阶段。会议还审议并通过了《中共中央关于制定国民经济和社会发展第十一个五年规划的建议》。这不仅成为此后五年推动中国经济和社会发展的纲领性文件，还确立了中国未来五年的经济社会发展目标。

"十一五"时期是全面建设小康社会非常关键的时期。此间，对于如何落实和推进"资源节约型、环境友好型社会"建设，《中共中央关于制定国民经济和社会发展第十一个五年规划的建议》提出着重抓好3个方面：大力发展循环经济、加大环境保护力度、切实保护好自然生态。同时，还明确提出了此后五年环境保护的主要目标：到2010年时，一方面保证国民经济平稳增长，另一方面改善重点地区和城市的环境质量，基本遏制生态环境恶化趋势。为此"单位国内生产总值能源消耗比"十五"期末降低20%左右；主要污染物排放总量减少10%；森林覆盖率由18.2%提高到20%"[1]。这些目标，是加强防治环境污染和保护自然生态的必然要求，也是人民群众的愿望和国家长远利益的体现。

党的十六届五中全会以后，国务院根据《中共中央关于制定国民经济和社会发展第十一个五年规划的建议》精神，深入研究和编制《国民经济和社会发展"十一五"规划纲要》。关于节能和环保问题，《"十一五"规划纲要》提出了在"十一五"期间，单位国内生产总值的能源消耗、主要污染物的排放量必须达到的目标水平。这是针对资源环境压力日益加大的突出问题提出来的，体现了建设资源节约型、环境友好型社会的要求，是现实和长远利益的需要，具有明确的政策导向。同时，还提出了建设资源节约型、环境友好型社会的任务和措施，规划了一批节能重点工程、循环经济试点工程、生态保护和环境治理重点工程。2006年3月，十届人大四次会议批准的《关于国民经济和社会发展第十一个五年规划纲要》，要求在"十一五"加快建设资源

145

---

① 国家环境保护总局：《第六次全国环境保护大会文件汇编》，中国环境科学出版社2006年版，第5页。

节约型、环境友好型社会，"单位国内生产总值能源消耗降低 20% 左右，主要污染物排放总量减少 100%"。①《"十一五"国民经济发展规划纲要》还提出了 22 项经济社会发展主要指标，其中"十一五"期间主要污染物排放量减少 10%，成为 8 个约束性指标之一。② 这样，中国的环境污染治理也积极推进，污染减排成为党的政治意愿和国家意志。2007 年 4 月 27 日，国务院召开常务会议，会议通过了《节能减排工作方案》，并决定成立国务院节能减排工作领导小组，由温家宝总理任组长。《节能减排工作方案》指出，到 2010 年，中国万元国内生产总值能耗将由 2005 年的 1.2 吨标准煤下降到 1 吨标准煤以下，降低 20% 左右；单位工业增加值用水量降低 30%。"十一五"期间，中国主要污染物排放总量减少 10%；到 2010 年，二氧化硫排放量由 2005 年的 2549 万吨减少到 2295 万吨，化学需氧量由 1414 万吨减少到 1273 万吨；全国设市污水处理率不低于 70%，工业固体废弃物综合利用率达到 60% 以上。③2007 年 11 月 27 日，国务院批转节能减排统计监测及考核实施方案和办法，将能耗降低和污染减排完成情况纳入各地经济社会发展综合评价体系，实行严格的问责制。12 月 3 日—5 日，中央经济工作会议召开。会议强调，要紧紧围绕转变经济发展方式和完善社会主义市场经济体制，继续加强和改善宏观调控，积极推进改革开放和自主创新，着力优化经济结构和提高经济增长质量，切实加强节能减排和生态环境保护，更加重视改善民生和促进社会和谐，推动国民经济又好又快发展。紧接着，国务院于 12 月 18 日印发《关于促进资源节约型城市可持续发展的若干意见》。2011 年 8 月 31 日，国务院印发《"十二五"节能减排综合性工作方案》，其主要内容是：节能减排总体要求和主要目标，强化节能减排目标责任、调整优化产业结构、实施节能减

---

① 《改革开放中的中国环境保护事业 30 年》编委会：《改革开放中的中国环境保护事业 30 年》，中国环境科学出版社 2010 年版，第 486 页。

② 《改革开放中的中国环境保护事业 30 年》编委会：《改革开放中的中国环境保护事业 30 年》，中国环境科学出版社 2010 年版，第 66 页。

③ 《改革开放中的中国环境保护事业 30 年》编委会：《改革开放中的中国环境保护事业 30 年》，中国环境科学出版社 2010 年版，第 67 页。

排重点工程、加强节能减排经济政策、强化节能减排监督检查、推广节能减排市场机制、加强节能减排基础工作和能力建设、动员全社会参与节能减排，并附有"十二五"各地区节能目标5个附件。9月27日，国务院召开全国节能减排工作电视电话会议，全面动员和部署"十二五"节能减排工作。国务院总理温家宝作重要讲话，他强调，要从战略和全局高度认识节能减排的重大意义，全面落实节能减排综合性工作方案。此间，中国经济发展方式开始向循环经济转变。党的十六大召开后，国家针对经济运行中突出问题，特别是煤、电、油、运全面紧张的瓶颈，适时作出了大力发展循环经济的决策。通过资源的不断循环使用带动经济的效益型增长，以消除自然资源的过度开发，力求达到污染物的低排放甚至"零排放"，最终使经济社会实现可持续发展。通过几年的努力，中国在开展循环经济实践方面已经初见成效。

党的十六届五中全会还提出建设社会主义新农村。这样，生态农村也成为社会主义新农村建设的有益探索与实践。截至2005年初，国家环保总局已命名了79个"全国环境优美乡镇"。① 全国环境优美乡镇的创建活动推动了产业结构调整，不仅促进了乡镇经济发展从数量型向质量型转变，还美化了村容镇貌、改善了生态环境和生产条件、提高了居民的生活质量、增强了生态环境意识、提升了乡镇生态文明水平。生态农村建设，结束了农村村落在自然经济条件下自发形成、自发延续、自发扩展的农村建设模式的历史。这不但改变了农村落后面貌，改善修复了农村被破坏的生态环境，而且提高了农民的生活质量。

为了认真贯彻党的十六届五中全会和十届全国人大四次会议精神，国务院于2005年12月颁发了《关于落实科学发展观加强环境保护的决定》，并于2006年4月17日在北京召开第六次全国环境保护大会。

《关于落实科学发展观加强环境保护的决定》指出，要在依靠科学技术进步的基础上大力发展循环经济，在全社会倡导生态文明理念，建立依法监

147

---

① 《改革开放中的中国环境保护事业30年》编委会：《改革开放中的中国环境保护事业30年》，中国环境科学出版社2010年版，第77页。

督的环境监管体制，通过资源节约型、环境友好型社会建设为广大人民群众创造良好的生产生活环境。这是在"十一五"即将起步之际，以全面建设小康社会为主要任务，指导中国经济、社会与环境协调发展的一份纲领性文件。随后，国家环境保护总局印发了《全国生物物种资源保护与利用规划纲要》《全国生态功能区划》，并编制《全国自然保护区发展规划》《全国生态脆弱区保护规划纲要》，制定了一批对维护国家生态安全具有重要意义的自然保护区和生态功能保护区。国家环境保护总局在推进环境友好型社会的工作中，还要求各级政府及其环保部门，发动全社会采取有利于优化环境的生产方式、生活方式、消费方式，建立人与环境良性互动关系。在第六次全国环境保护大会上，国务院总理温家宝代表党中央、国务院还提出了实现环境保护3个历史性转变的新要求：从重经济增长轻环境保护，转变为保护环境与经济增长并重；从环境保护滞后于经济发展，转变为环境保护和经济发展同步；从主要用行政办法保护环境，转变为综合运用法律、经济、技术和必要的行政办法解决环境问题。"3个转变"的核心就是要坚决摒弃以往那种以牺牲生态环境来促进物质生产增长的发展模式，突出保护环境在优化经济增长中的重要作用，进而促进生态建设与经济发展之间相互促进、相互协调、内在统一。这标志着中国的环境与发展的关系正在发生根本性、长远性转变，标志着生态环境保护成为优化经济增长的重要内容。以《国务院关于落实科学发展观加强环境保护的决定》的颁布和第六次全国环保大会的召开为标志，中国资源节约型、环境友好型建设进入了全面加速推进时期。"建设资源节约型、环境友好型社会"的及时提出和确立，是中国社会经济协调发展的战略需要，也是可持续发展实践经验的升华，从工作思路上明确了中国以绿色消费为理念，构建经济、社会、环境协调发展的社会体系。

可见，党的十六大以后，党中央确立了树立和落实科学发展观作为指导思想，同时积极构建社会主义和谐社会，推进资源节约型、环境友好型社会建设，加快转变经济增长方式的重大战略，都体现和丰富了生态文明建设思想。

5.2.2　党的十七大：明确提出建设生态文明

中国经过改革开放 20 多年的发展，社会主义现代化建设取得了令世人瞩目的巨大成就。但与此同时，中国的发展也付出了较大的生态环境代价，如果再按照拼资源、拼消耗的模式发展下去，资源就难以支撑，经济难以持续。对此，党的十七大报告在论述小康社会的新要求时，首次明确提出"建设生态文明"，并要使"生态文明观念在全社会牢固树立"。生态文明是"以可持续发展理念为基础，从人类社会文明形态演替的角度，以中国传统文化为背景，站在国家执政理念的高度，在对人与自然、人与社会之间本质关系的认识过程中形成的理论成果"[①]。党的十七大报告在分析党的十六大以来中国社会发展所面临的一些主要困难和问题时，将"经济增长的资源环境代价过大"放在首要位置，并把"建设生态文明，基本形成节约能源资源和保护生态环境的产业结构、增长方式、消费模式"，作为全党实现全面建设小康社会历史奋斗目标的重要内容之一。不仅如此，报告还专设"促进国民经济又好又快发展"一节内容，围绕加强能源节约与生态环境保护的任务，对如何增强可持续发展能力，提出一系列明确要求和具体部署。党的十七大报告强调，"坚持节约资源和保护环境的基本国策，关系人民群众切身利益和中华民族生存发展。必须把建设资源节约型、环境友好型社会放在工业化、现代化发展战略的突出位置"[②]。这些都进一步明确指出了党关于建设生态文明建设的目标任务，体现了党和政府站在历史的新高度对中国经济社会发展与生态环境关系所作的科学判断，以及对人类社会发展规律的深刻把握。

党的十七大第一次在党代会报告中提出生态文明的概念，并对生态文明建设的主要任务作出全面部署，体现了党和国家对生态文明建设与现代化建设的高度重视。党的十七大之后，全国从上而下都开始因地制宜探索生态文明建设道路。2008 年 12 月，环境保护部出台《关于推进生态文明建设的指

---

① 全国干部培训教材编审指导委员会：《生态文明建设与可持续发展》，人民出版社 2011 年版，第 6 页。

② 本书编写组：《十七大报告辅导读本》，人民出版社 2007 年版，第 155 页。

导意见》，强调生态文明建设是落实科学发展观的重要组成部分，是推进和实施可持续发展的重要战略保障，是实现全面建设小康社会的必然需要，是构建社会主义和谐社会不可或缺的条件。《关于推进生态文明建设的指导意见》明确了推进生态文明建设的指导思想、基本原则和基本要求，提出要积极组织开展生态文明建设试点、示范活动。同时指出，生态省（市、县）、环境保护模范城市等建设活动是大力推进生态文明建设重要载体和有效途径，也是开展生态文明建设试点的基础和前提；要整合社会资源，调整工作思路和工作方式，继续深入开展系列建设活动，总结建设经验，丰富建设内涵，突出建设特点。特别要将指导推进生态省（市、县）建设的工作重点放在建设过程监督，强化过程管理，突出成效评估，对在生态文明建设中作出突出贡献的单位和个人给予表彰和奖励。同时，全面推进环境优美乡镇、生态街道、生态村、绿色社区、绿色学校、绿色家庭等生态文明建设的"细胞工程"，自下而上、由点到面，不断扩大建设成果，夯实生态文明建设基础。

与此同时，党还通过多种措施，进一步推动生态文明建设。

第一，推进 3 项环境基础战略研究。为了推进党的生态文明建设，加强生态建设与国民经济建设高度融合，党的十七大之后，党和政府又推进了全国污染源普查、全国环境宏观战略研究及水体污染控制与治理 3 项重大环境基础战略研究。

全国污染源普查。2008 年 1 月，国务院召开第一次全国污染源普查会议，部署污染源普查工作。这是重大的国情调查，污染源调查的结果将为制定"十二五"规划提供参考。为做好这一工作，国务院成立了以曾培炎为组长的全国污染源普查工作领导小组，发布了《全国污染源普查条例》。国家环境保护总局和农业部还选调人员成立全国污染源普查工作办公室。紧接着，全国 31 个省、直辖市也成立了相关机构。环境保护总局还会同有关部门编制了普查方案，落实了普查方针，制定了普查工作规范，进行了普查试点工作，启动普查宣传工作，开展业务培训。

全国环境宏观战略研究。为更好地缓解经济社会发展与资源环境的矛盾，早在 2007 年 5 月，国务院就批准启动了中国环境宏观战略研究。党的十七大之后，中国环境宏观战略研究，逐步完成了阶段性任务。研究项目不仅提出了"预防为主、防治并重、系统管理、综合整治、民生为本、分级推进、政府主导、公众参与"的方针，还提出了一系列行管政策建议，为建设生态文明提供了有力支撑。

水体污染控制与治理重大专项（简称"水专项"）。2009 年 2 月 19 日，国家环境保护部在北京召开水体污染控制与治理科技重大专项实施启动会。会议动员全国各方面力量，为全面启动"水专项"提高认识、明确思路、落实责任，从而为水专项顺利实施提供保障。"水专项"是国家制定的从 2006 年至 2020 年《中长期科学和技术发展规划纲要》里面所确定的 16 个重大科技专项之一，总投资达数百亿元。项目目标是集中攻克一批迫切需要解决的水污染防治关键技术，为实现节能减排和改善重点流域水环境质量提供技术支持。这一项目实施从 2008 年至 2020 年，将历时 13 年。[1] 研究内容主要涉及湖泊、河流、饮用水、城市、监控预警、战略政策六大方面。

经过不懈努力，上述三大基础性战略研究对于中国生态建设的短期指导和长远谋划都起到了初步作用。

此间，珠江三角洲的深圳等 6 个市（县）开展了生态文明试点。[2] 福建省厦门市 2007 年与中央编译局合作开展《建设生态文明：厦门的实践与经验》课题研究，对厦门经济特区 25 年来生态文明的实践与经验进行全面、认真、扎实的梳理、概括、提升，形成了《建设社会主义生态文明：厦门实践》课题总报告和 5 篇课题分报告；并原创性编制了《生态文明（城镇）指标体系》和《生态文明（城镇）指标体系评价办法及指标解释》，推动了生态文明研究进入实际操作层面，培养锻炼了一支生态文明理论研究和实践的人才队

---

① 《改革开放中的中国环境保护事业 30 年》编委会：《改革开放中的中国环境保护事业 30 年》，中国环境科学出版社 2010 年版，第 81 页。

② 《改革开放中的中国环境保护事业 30 年》编委会：《改革开放中的中国环境保护事业 30 年》，中国环境科学出版社 2010 年版，第 77 页。

伍。2008 年，厦门市又制定和实施《厦门市生态文明建设纲要》，成立厦门市生态文明建设组织机构，建立并完善生态文明建设的法规、政策，开展"生态文明（城镇）指标体系"试点成为全市工作重点。2008 年初，江苏常熟市、张家港市在完成了生态市创建后，也编制了《生态文明建设规划》，先后在京通过专家评审，成为中国东部长三角经济发达区域的生态文明建设示范点，开始了环境保护新道路的探索性实践。

第二，提出了"让江河湖泊休养生息"的环境保护战略任务。党的十七大之后，为了进一步维护生态平衡和提高环境承载能力，党中央还提出了"让江河湖泊休养生息"的环境保护战略任务。2008 年 1 月 14 日，胡锦涛总书记在安徽视察工作时作出了"要让江河湖泊休养、恢复生机"的重要指示。他指出，发展是第一要务，但发展必须与节约能源资源、保护生态环境同步推进，否则就难以为继。此后，国务院及各部门和地方积极采取各种政策措施，落实"让江河湖泊休养生息"的要求。为了加强松花江流域水污染防治，环境保护部于 2008 年 4 月 1 日召开专题会议，并启动名为"753"专项行动①的松花江流域水污染防治工作，促进松花江休养生息各项政策的落实。2008 年 4 月，经国务院批准，环境保护部发布的《淮河、海河、辽河、巢湖、滇池、黄河中上游等重点流域水污染防治规划（2006—2010）》逐步得到落实。2008 年 5 月 7 日，国务院批复《太湖流域水环境综合治理总体方案》，明确了太湖流域水环境综合治理的目标、原则和任务，标志着太湖流域综合治理工作的全面开始。为了加强全国范围内重点流域水污染防治工作，环境保护部于 2008 年 10 月 7 日在山东济宁市召开会议。会议在总结重点流域水污染防治工作情况和工作经验的基础上，对全国重点流域水污染防治规划的实施工作作出全面部署。此后，为了大力推广流域污染防治的相关成功经验，环境保

---

① "753"专项行动："7"就是强化哈尔滨、吉林、长春、牡丹江、齐齐哈尔、大庆和佳木斯 7 个重点城市污染防治工作，7 个城市年废水排放量超过 1 亿吨、COD 排放量约占松花江流域排放总量的 68%；"5"就是以阿什河、呼兰河、饮马河、伊通河和牡丹江 5 条河流为重点，狠抓综合整治和环境监管；"3"就是重点开展 3 个饮用水源地环境保护专项检查。

护部于 2008 年 12 月在云南大理召开洱海保护工作经验交流会。同时，国家还对太湖、巢湖、三峡库区生态安全开展评价，并对生态安全监测工作进行全面启动。这一系列工作为深化中国的湖泊综合治理奠定了重要基础。经几年努力，地方各级环保部门对"让江河湖泊休养生息"的认识不断深化，实践快速推进，措施日臻完善。

与此相一致，为了加强自然生态保护工作，环境保护部联合中国科学院于 2008 年 7 月 31 日印发了《全国生态功能区划》，全面分析中国生态空间特征，并评价生态系统服务功能与重要性。在此基础上，对不同区域的生态功能进行划分和确定，并提出了全国生态功能区划的具体方案。根据这一方案，在全国范围内共被划分了 216 个生态功能区（其中，生态调节功能的生态功能区 148 个，面积占国土总面积的 78%；提供产品的生态功能区有 46 个，面积占国土面积的 21%；人居保障功能区有 22 个，面积占国土面积的 1%）。[1]9 月 27 日，环境保护部发布《全国生态脆弱区保护规划》，明确中国生态脆弱区的地理分布、现状特征及其生态保护的指导思想、基本原则、目标及对策措施，为恢复和重建生态脆弱区的生态环境提供科学依据。12 月 18 日，环境保护部印发了《关于推进生态文明建设的指导意见》，此后一批国家级自然保护区也逐渐得到批准和新建，环境保护部还对其中的 41 处组织了评估，从而促进对自然保护区的规范化管理。同时，生态监察工作也得到加强，初步遏制了零散点源造成的生态破坏，生态补偿使试点稳步推进。

第三，继续推进资源节约型、环境友好型社会建设。党的十七大在全面把握中国经济发展规律的基础上，从中国的发展实际出发，将党的十四届五中全会提出的"转变经济增长方式"改变为"转变经济发展方式"。这两个字的改动，寓意深远，意义重大，针对性和指导性更强，反映了党对经济发展规律的认识更全面、更深刻。党的十七大报告强调："必须把建设资源节约型、环境友好型社会放在工业化、现代化发展战略的突出位置，落实到每个

---

① 《改革开放中的中国环境保护事业 30 年》编委会：《改革开放中的中国环境保护事业 30 年》，中国环境科学出版社 2010 年版，第 243 页。

单位、每个家庭"①，并把建设资源节约型、环境友好型社会写入党章，使之成为执政党的纲领之一，成为中国经济社会发展全局的重大举措，为推动国民经济又好又快发展提供了有力的政治保障。在党和政府的推动下，建设资源节约型、环境友好型社会也日益成为各地方政府决策者的共识。2007年12月，经国务院批准的湖北武汉城市圈以及湖南省"长株潭"城市群，都成为"全国资源节约型和环境友好型社会建设综合配套改革试验区"。其中，武汉市的申报在5年间六易其稿，最后定位于"全国资源节约型和环境友好型社会建设综合配套改革试验区"。由于契合国家区域发展总体构架思路，最终获批。

2007年底，国务院转发了《关于加强农村环境保护工作的意见》。2008年7月，国务院召开新中国成立以来首次全国农村环境保护电视电话会议。李克强在会议上强调，必须把农村生态环境保护摆到更加突出的位置。2008年10月，党的十七届三中全会审议通过了《中共中央关于推进农村改革发展若干重大问题的决议》，提出到2020年，中国农村"资源节约型、环境友好型农业生产体系基本形成，农村人居和生态环境明显改善"②。此次会议揭开了中国农村发展改革的新篇章，也带来了农村生态建设的机遇。

随着中国现代化事业的不断推进，2010年10月在北京召开的党的十七届五中全会通过了《关于国民经济和社会发展第十二个五年规划的建议》。"十二五"时期，中国仍处于工业化、城镇化加快发展阶段，资源环境约束进一步强化，人民群众对环境质量的要求与环境质量改善程度比较低的矛盾日益凸显。关于生态建设，《关于国民经济和社会发展第十二个五年规划的建议》指出，"面对日趋强化的资源环境约束，必须增强危机意识，树立绿色、低碳发展理念，以节能减排为重点，健全激励与约束机制，加快构建资源节约、环境友好的生产方式和消费模式，增强可持续发展能力，提高生态文明水平"，

---

① 中共中央文献研究室：《十七大以来重要文献选编（上）》，中央文献出版社2009年版，第18页。

② 《改革开放中的中国环境保护事业30年》编委会：《改革开放中的中国环境保护事业30年》，中国环境科学出版社2010年版，第76页。

并就加强资源节约和管理、大力发展循环经济、加大环境保护力度、促进生态保护和修复等提出了具体内容。

为推进"十二五"期间生态建设各项工作的开展，加快建设资源节约型、环境友好型社会，国务院于2011年10月17日发布《关于加强环境保护重点工作的意见》。这一文件是探索环境保护新道路的纲领性文件。12月，国务院印发《国家环境保护"十二五"规划》，并召开第七次全国环境保护大会。这次大会是在实施"十二五"规划的开局之年，在中国经济社会发展到了新阶段，面临着复杂的国际经济形势的情况下，也是在中央经济工作会议之后召开的一次十分重要的会议。这次会议进一步明确了新时期环保工作的思想，就是要坚持在发展中保护、在保护中发展。

5.2.3　党的十八大：提出包括生态文明在内的"五位一体"社会主义建设框架

在党的十七次全国代表大会对生态文明建设作出一系列部署之后，在党中央、国务院的推动下，中国各级政府和各个部门无论是在生态文明建设理论研究还是生态文明的建设实践方面，都作了大量卓有成效的工作。这里值得一提的是，占全国近半数的省份都相继开展了生态省（区、市）创建活动并取得积极成果。在此基础上，党的十八大报告郑重指出，生态文明关系到人民福祉和民族未来。因此，必须更加突出生态文明建设在现代化建设中地位。[1] 纵观党的十八大报告，其中有29次提到生态，12次提到生态文明（党的十七大报告分别只有12处和2处）。不仅如此，报告还将生态文明建设单独列为一个章节进行详细阐述，这在党的代表大会的报告中还是第一次。不仅如此，党的十八大还郑重提出"建设美丽中国"的号召，这在党的历史上也是第一次。所有这些都极大提高了生态文明的地位。党的十八大报告还对如何进一步推进生态文明建设作出了更加全面的部署，其中最重要的方面有三点：

---

[1]　十八大报告文件起草组：《中国共产党第十八次全国代表大会文件汇编》，人民出版社2012年版，第36页。

第一，明确了生态文明在社会主义现代化建设中的重要地位。报告指出，"面对资源约束趋紧、环境污染严重、生态系统退化的严峻形势，必须树立尊重自然、顺应自然、保护自然的生态文明理念，把生态文明建设放在突出地位，融入经济建设、政治建设、文化建设、社会建设各方面和全过程，努力建设美丽中国，实现中华民族永续发展"。[①] 生态文明之所以在中国现代化总体布局中有着这样重要的地位，是有着其客观历史必然性和重要的现实意义。无论是党治国理政的理念还是国家经济社会发展的实际，都需要将生态文明建设列为中国特色社会主义建设总体布局不可或缺的重要组成部分。中国特色社会主义是以中国基本国情为基础的经济、政治、文化、社会、自然等之间相互协调的社会形态和制度，其内涵和发展要素都要随着中国社会发展进程而不断丰富和扩展。[②] 建设中国特色社会主义不仅要实现经济发达、政治民主、社会和谐以及确立先进文化主导地位，还要努力创造生态良好的环境。在社会主义现代化进程中，如果因经济增长而付出过大的生态环境代价，最终会致使生态环境问题成为经济社会持续发展的瓶颈约束。这就要求必须将生态文明建设放到中国特色社会主义建设总体布局中进行设计和谋划。

第二，明确了生态文明建设目标。作为建设生态文明的一个具体目标，党的十八大报告明确提出"美丽中国"及"生态文明新时代"的概念。这实际就给出了社会主义生态文明未来发展的美好蓝图。这是中国特色社会主义事业整体布局、顶层设计的科学完善，意义重大而深远。经过 30 多年的改革开放，中国广大人民群众不仅仅是基本解决了温饱，而且总体上达到小康。随着人民生活水平的不断提高，他们将越来越关注生态环境质量与人们的健康水平。建设生态文明，实现美丽中国，就是要为广大人民群众创造良好的绿色生态环境，创造更加美好的全面小康社会。为此，党的十八大报告提出"给

---

① 十八大报告文件起草组：《中国共产党第十八次全国代表大会文件汇编》，人民出版社 2012 年版，第 36 页。

② 全国干部培训教材编审指导委员会：《生态文明建设与可持续发展》，人民出版社 2011 年版，第 6 页。

自然留下更多修复空间，给农业留下更多良田，给子孙后代留下天蓝、地绿、水净的美好家园"①，才会引起如此广泛而深刻的反响。党之所以如此高度重视和大规模地推动生态文明建设，就是因为中国正面临着较为严峻生态环境状况，因此，也是有很强的客观现实性。建设美丽中国，是实现中国发展转型的客观趋势，也是中华民族永续发展的必然要求。"建设美丽中国""努力走向社会主义生态文明新时代"，充分体现了党的执政理念和人民群众对未来美好生活的向往。

第三，指明了实现生态文明的具体路径。主要包括：转变经济发展方式、优化国土空间、全面促进资源节约、加大自然生态系统和环境保护力度、加强生态文明制度建设。对于生态文明建设的具体部署，党的十八大报告无论是从优化国土空间开发格局到全面促进资源节约，还是从加大自然生态系统和环境保护力度，到加强生态文明制度建设，都提出明确要求，并提出要从源头上改变生态环境不断恶化趋势②。可以看出，党的十八大报告所部署的生态文明建设的具体内容，已经从以前单纯资源环境问题上升到现代化发展高度。这些都意味着党的生态文明建设，已不仅仅是停留在指导观念的层面上，它还进一步细化了考核各级政府绩效的重要指标。党的十八大报告把生态的内涵从过去只注意生物生态、污染生态上升到科学前沿的人类生态、社会生态，上升到生产关系、消费行为、体制机制、上层建筑和思想意识的高度，上升到为经济、政治、文化、社会的高度。

此外，党的十八大通过的党章修正案，也把生态文明建设纳入中国特色社会主义事业总体布局。这使得中国特色社会主义事业总体布局更加完善，使生态文明建设的战略地位更加明确，从而有利于动员全党全国各族人民更好推进社会主义现代化事业，有利于全党把生态文明建设融入经济、政治、

157

① 十八大报告文件起草组：《中国共产党第十八次全国代表大会文件汇编》，人民出版社2012年版，第36页。

② 十八大报告文件起草组：《中国共产党第十八次全国代表大会文件汇编》，人民出版社2012年版，第36页。

文化、社会等各项建设事业的全方位与整个过程。这是中国共产党执政兴国理念的重要升华，是整体顶层设计对中国特色社会主义事业进行科学完善，因而具有重大而深远的意义。

党的十八大提出大力推进生态文明建设，标志着党从执政规律的层次上对可持续发展道路以及自然生态环境与经济社会永续发展的认识进入了更高境界。党将生态文明建设上升到前所未有的高度，具有远见卓识，不仅是对人类文明的历史总结，也是对人类文明进程的理性深化，是与党一贯倡导和追求的理念一脉相承的，是党对自然规律及人与自然关系再认识的重要成果，是对坚持和发展中国特色社会主义的重大理论创新。可见，从"尊重自然、顺应自然、保护自然"的理念，到"融入经济建设、政治建设、文化建设、社会建设各方面和全过程"的指引，再到"绿色发展、低碳发展、循环发展"的路径，党的十八大所规划的生态文明，早已上升到实现人与自然和谐共生、提升社会文明水平的现代化发展高度。

5.3　生态文明建设的特征

5.3.1　生态文明建设进入社会主义建设总体布局

从人类文明演替的进程和规律看，生态文明是以人与自然关系及人与人关系为核心、以解决工业文明所固有的环境与发展矛盾为目的的文明形态。西方工业文明在过去的 300 多年间虽创造了丰富的物质财富，但也消耗了亿万年的自然储备，导致了全球生态危机。与西方发达国家不同，中国实现现代化不但要着力把产业做大做强，而且要注重资源与环境问题，把现代化建设与生态文明建设有机统一起来，完成现代化的历史任务。

马克思主义创始人在论述科学社会主义时，把人的自由全面发展作为根本价值目标。其实，社会主义的本质与生态文明的本质是一致的。其理由非常简单，即新的生活方式形成的一个重要条件是建立起人与自然之间的和谐关系，即创立生态文明。"中国人民在从事中国特色社会主义伟大事业的过程中，也必然把建立生态文明作为一个重要的战略任务"。① 中国共产党领导中国人民所走的中国特色社会主义道路，应该是经济、政治、文化及生态建设协同发展的道路。尤其要提到的是，生态文明在整个社会主义现代化建设体系中处于基础地位。2002 年，党的十六大明确了全面建设小康社会的目标，将"推动整个社会走上生产发展、生活富裕、生态良好的文明发展道路"列为全面建设小康社会的目标之一。这一目标的明确，在促进中国生态文明建设方面具有极其重要的意义。

生态文明建设是不断推动物质、政治及精神文明前进的基础，"加强生态文明建设不是放弃对发展的追求，而是在更高层次上实现人与自然、经济社会与资源环境的和谐。在中国经济快速增长中资源环境代价过大的严峻形势下，建设生态文明对中国实现可持续发展的指导和推动作用显得非常迫切"②。尤其是，随着人民生活水平的提高，老百姓期待有更高的生活质量，生态环境质量成为社会关注的热点问题；随着环境意识的提高，群众环境维权意识也越来越高；随着环境问题的积累和释放，环境突发事件也越来越多，特别是影响群众健康、危害少年儿童、威胁饮用水源、对生态造成长远破坏的污染事件，群众反映强烈，受到社会的广泛关注。对此，党的十六届三中全会通过对中国社会发展中存在的主要矛盾的分析，提出了"五个统筹"的发展战略，把"统筹人与自然和谐发展"作为实现社会全面协调发展的一个重要方面。《中共中央关于构建社会主义和谐社会若干重大问题的决定》指出，社会主义和谐社会构建的目标和主要任务之一就是"资源利用效率提高，生态环境明显好转"，并提出"要加强环境治理保护，促进人与自然和谐"。这次中央全会还把加强生态保护和建设作为实施可持续发展战略、构建和谐社会、建设资源节约型、环境友好型社会的重要内容。"社会主义的物质文明、政治文明和精神文明离不开生态文明，没有良好的生态条件，人不可能有高

---

① 　陈学明：《生态文明论》，重庆出版社 2008 年版，第 13 页。
② 　全国干部培训教材编审指导委员会：《生态文明建设与可持续发展》，人民出版社 2011 年版，第 7 页。

度的物质享受、政治享受和精神享受。没有生态安全，人类自身就会陷入不可逆转的生存危机。"①2006 年 4 月，胡锦涛等党和国家领导人来到北京奥林匹克公园，与首都各级群众代表一起参加义务植树活动。胡锦涛在植树时强调："各级党委、政府要从全面落实科学发展观的高度，持之以恒地抓好生态环境保护和建设工作，着力解决生态环境保护和建设方面存在的突出问题，切实为人民群众创造良好的生产生活环境。要通过长期不懈地努力，使我们祖国的天更蓝、地更绿、空气更洁净，人与自然的关系更和谐。"②

良好的生态环境不仅是发展的基本要素，还是先进、可持续的生产力和稀缺资源。中国既要走工业化道路，又要加强生态文明建设，这是关系中华民族长远发展的根基，贯穿现代化建设的整个过程。党的十七大明确提出要建设生态文明并写入大会的政治报告中，这在党的历史上还是首次。这也是党在提出建设社会主义物质文明、精神文明、政治文明三种文明之后提出的第四种文明。党的十七大报告又强调："建设资源节约型、环境友好型社会，实现速度和结构质量效益相统一、经济发展与人口资源相协调，使人民在良好的生态环境中生产生活，实现经济社会永续发展。"③为此，建设生态文明，基本形成节约能源资源和保护生态环境的产业结构、增长方式、消费模式，循环经济形成较大规模，可再生能源比重显著上升。主要污染物排放得到有效控制，生态环境质量明显改善。④ 这些要求充分体现了党对于生态建设的高度重视，同时也体现了人类共同的价值取向的追求。党的十七届四中、五中、六中全会又明确提出，全面推进社会主义经济建设、政治建设、文化建设、社会建设以及生态文明建设，把生态文明建设纳入了中国特色社会主义事业总体布局。

---

① 全国干部培训教材编审指导委员会：《生态文明建设与可持续发展》，人民出版社 2011 年版，第 33 页。

② 《改革开放中的中国环境保护事业 30 年》编委会：《改革开放中的中国环境保护事业 30 年》，中国环境科学出版社 2010 年版，第 487 页。

③ 《中国共产党第十七次全国代表大会文件汇编》，人民出版社 2007 年版，第 16 页。

④ 《中国共产党第十七次全国代表大会文件汇编》，人民出版社 2007 年版，第 20 页。

2012年，党的十八大再次强调要大力推进生态文明建设，建设包括生态文明在内的"五位一体"的社会主义现代化建设布局。会议根据党的十七大以来推进中国特色社会主义事业的新实践新认识，对党章修正案总纲中的相关部分也进行了充实和调整，并对经济建设、政治建设、文化建设、社会建设四个自然段充实了内容，增写了生态文明建设自然段。党的十八大对在党章作这样的修改，使中国特色社会主义事业总体布局更加完善，使生态文明的战略地位更加明确，有利于动员全党全国各族人民更好全面推进中国特色社会主义事业。

5.3.2 生态文明建设形成完整的理论体系

生态文明作为人类文明的基础，与人类社会的原始文明、农业文明以及工业文明是一脉相承，与经济、政治、文化及社会建设紧密相连，贯穿于其中的各方面和整个过程。从国家治理的层次上看，生态文明为中国特色社会主义建设提供了更全面、更深入、更有力的观念和方法论的指导。

继党的十六大提出，要生产发展及生活富裕与生态良好紧密结合，走生态文明发展道路。党的十七大报告围绕全面建设小康社会的奋斗目标，进一步提出，"建设生态文明，基本形成节约能源资源和保护生态环境的产业结构、增长方式、消费模式"，大力发展循环经济，提升可再生能源比重，通过有效控制污染物排放，使得生态环境质量得到明显改善，同时大力在全社会宣传教育生态文明观念[1]。党的十七大报告强调："必须把建设资源节约型、环境友好型社会放在工业化、现代化发展战略的突出位置，落实到每个单位、每个家庭。"党的十七大报告进一步强调，"要完善有利于节约能源资源和保护生态环境的法律和政策，加快形成可持续发展体制机制"；"开发和推广节约、替代、循环利用和治理污染的先进适用技术，发展清洁能源和可再生能源，保护土地和水资源，建设科学合理的能源资源利用体系，提高能源资源利用效率。发展环保产业"；"加大节能环保投入，重点加强水、大气、土壤等污染防治，改善城乡人居环境。加强水利、林业、草原建设，加强荒漠化石漠

---

① 《中国共产党第十七次全国代表大会文件汇编》，人民出版社2007年版，第20页。

化治理，促进生态修复"。[①]

　　良好的生态环境是人和社会持续发展的根本基础。对群众来说，没有健康，生活水平和质量就无从谈起。对国家来说，没有健康，人力资源的优势就难以发挥。随着经济的发展，人民群众对提高生活水平和质量有了更多期盼和要求。因此，党的十八大报告不仅强调，大力加强生态文明建设，关乎人民福祉和民族未来，还提出"坚持节约资源和保护环境的基本国策，坚持节约优先、保护优先、自然恢复为主"的方针，并对生态文明建设的具体内容作了进一步要求：一是优化国土空间格局。党的十八大报告强调，"国土是生态文明建设的空间载体，必须珍惜每一寸国土"。因此，"要按照人口资源环境相均衡、经济社会生态效益相统一的原则，控制开发强度，调整空间结构，促进生产空间集约高效、生活空间宜居适度、生态空间山清水秀"。同时，要加快主体功能区战略的实施，提升海洋资源开发能力。二是全面促进节约资源。节约资源是生态建设的根本之策。"要节约利用资源，推动资源利用方式根本转变，加强全过程节约管理"；"推动能源产业革命和消费革命"，"加强水源地保护和用水总量管理"。三是加大环境保护力度。环境是人类赖以生存和发展的基本载体，因此，环境状况与人的健康状况息息相关，优良的环境越来越成为城乡居民的普遍追求。"要实施重大生态修复工程，增强生态产品生产能力。"四是完善生态文明建设制度。生态建设必须严格依靠制度。"要把资源消耗、环境损害、生态效益纳入经济社会发展评价体系"；"建立国土空间开发保护制度"；"建立反映市场供求和资源稀缺程度、体现生态价值和代际补偿的资源有偿使用制度和生态补偿制度"。党的十八大报告还提出，"加强生态文明宣传教育，增强全民节约意识、环保意识、生态意识，形成合理消费的社会风尚，营造爱护生态环境的良好风气"。至此，中国生态文明不仅强调污染防治，还包括生态恢复和生态保护；生态建设的内容不仅包括国土资源、生态系统等要素建设，还包括生态文明制度建设。

---

① 《中国共产党第十七次全国代表大会文件汇编》，人民出版社 2007 年版，第 24 页。

第6章

党的十八大以来党的生态文明建设理论的丰富和完善

党的十八大以来，以习近平同志为核心的党中央高度重视社会主义生态文明建设，坚持把生态文明建设作为统筹推进"五位一体"总体布局和协调推进"四个全面"战略布局的重要内容，坚持节约资源和保护环境的基本国策，坚持绿色发展，把生态文明建设融入经济建设、政治建设、文化建设、社会建设各方面和全过程，加大生态环境保护力度，推动生态文明建设在重点突破中实现整体推进。党的生态文明建设理论在现代化建设实践中进一步丰富和发展。

6.1 党的十八大以来党领导生态文明建设的新贡献

自 20 世纪 80 年代初，党中央、国务院把保护环境作为基本国策，大力推进生态环境建设，并取得了显著成绩。但经过 30 多年快速发展所积累下来的环境问题也进入高强度频发阶段。从 2013 年以来，全国曾经历大范围长时间的雾霾天气，影响了几亿人口，人民群众反映强烈。生态环境建设已不仅是重大经济问题，也是重大社会和政治问题。党的十八大以来，党在领导全面建成小康社会的进程中，深入推进生态文明建设。

6.1.1 逐步确立"绿水青山就是金山银山"绿色发展理念

发展理念是发展行动的先导，是发展思路、发展方向、发展着力点的集中体现。早在 2005 年 8 月 15 日，习近平到安吉天荒坪镇余村考察时，就首次提出"绿水青山就是金山银山"。一周后，习近平在《浙江日报》"之江新语"专栏发表评论指出："生态环境优势转化为生态农业、生态工业、生态旅游等生态经济的优势，那么绿水青山也就变成了金山银山。"党的十八大以后，习近平总书记在多个场合围绕"建设美丽中国"的要求反复强调，"绿水青山就是金山银山"。2013 年 9 月 7 日，习近平总书记在哈萨克斯坦纳扎尔巴耶夫大学演讲时讲道："宁要绿水青山，不要金山银山，而且绿水青山就是金山银山。"2015 年 5 月 27 日，习近平在华东七省市党委主要负责同志座谈会上又强调："协调发展、绿色发展既是理念又是举措，务必政策到位、落实到位。"此后，习近平再次强调："推动形成绿色发展方式和生活方式，是发展观的一场深刻革命。"[①] 习近平总书记的一系列论述深入人心，对于确立绿色发展理念，推进绿色发展和绿色生活起到了重要作用。

为了贯彻绿色发展理念、促进绿色发展的要求，党中央、国务院颁布了一系列重要文件。2013 年 8 月 1 日，国务院印发《关于加快发展节能环保产业的意见》，提出近期三年发展目标，对稳增长、调结构、惠民生具有重要意义。9 月 10 日，国务院印发《大气污染防治行动计划》（"气十条"），确定大气污染防治 10 条措施，包括加大综合治理力度，减少污染物排放；调整优化产业结构，推动产业转型升级；加快企业技术改造，提高科技创新能力；加快调整能源结构，增加清洁能源供应；严格节能环保准入，优化产业空间布局；发挥市场机制作用，完善环境经济政策；健全法律法规体系，严格依法监督管理；建立区域协作机制，统筹区域环境治理；建立监测预警应急体系，完善应对重污染天气；明确政府企业和社会的责任，动员全民参与环境保护。这 10 项措施的有效实施，为改善重点区域大气质量产生了积极影响。

---

① 中共中央文献研究室：《习近平关于社会主义生态文明建设论述摘编》，中央文献出版社 2017 年版，第 36 页。

2015 年 4 月 2 日，国务院印发《水污染防治行动计划》（"水十条"），制定了到 2020 年、2030 年和本世纪中叶 3 个阶段的工作目标，并确定了 10 个方面的具体措施。为了进一步推动生态文明建设实践，中共中央、国务院于 2015 年 5 月发布《关于加快推进生态文明建设的意见》。这是继党的十八大和十八届三中、四中全会对生态文明建设作出顶层设计后，中央对生态文明建设的一次全面部署。这一文件明确了生态文明建设的总体要求、目标愿景、重点任务和制度体系，突出体现了战略性、综合性、系统性和可操作性，是当时和其后一个时期推动生态文明建设的纲领性文件。文件中不仅首次提出了"绿色化"概念，还通篇贯穿了"绿水青山就是金山银山"的理念。如：在指导思想上明确提出了"蓝天常在、青山常在、绿水常在"的要求；在基本原则里强调，坚持把"绿色发展、循环发展、低碳发展"作为基本途径，经济社会发展必须与生态文明建设相协调；在健全政绩考核制度方面，要求把资源消耗、环境损害、生态效益等指标纳入经济社会发展综合评价体系，大幅增加考核权重，强化指标约束。《关于加快推进生态文明建设的意见》是中央就生态文明建设作出专题部署的第一个文件，充分体现了以习近平同志为核心的党中央对生态文明建设的高度重视。如果说党的十八大和十八届三中、四中全会就生态文明建设作出了顶层设计和总体部署，那么《关于加快推进生态文明建设的意见》就是落实顶层设计和总体部署的时间表和路线图，措施更具体，任务更明确。在此基础上，2015 年 10 月 26 日至 29 日召开的党的十八届五中全会确立了绿色发展理念的重要地位。全会提出："坚持绿色发展，必须坚持节约资源和保护环境的基本国策，坚持可持续发展，坚定走生产发展、生活富裕、生态良好的文明发展道路，加快建设资源节约型、环境友好型社会，形成人与自然和谐发展现代化建设新格局，推进美丽中国建设，为全球生态安全作出新贡献。"全会把绿色发展作为面向"十三五"的重要理念，表明中国共产党针对日益严峻的资源、环境问题和经济发展的压力，把绿色发展确立为"十三五"时期五大发展理念之一。这为中国"十三五"乃至更长时期的发展描绘了一幅可持续发展的新蓝图。

伴随着绿色发展理念培育和确立，绿水青山就是金山银山的绿色发展理念为各方广为接受，逐渐深入人心。从全国范围内来看，自党的十八大以来，追求绿色发展已从党中央号召和国务院全面部署变成全民的时代使命，追求绿色生活也成为国民日常生产生活的新风尚。据相关资料显示，仅仅在党的十八大以后的 4 年间，我国万元 GDP 能耗就累计下降 19.1%；治理沙化土地共计 1.26 亿亩，累计造林 4.5 亿亩。同时，由于公众广泛参与，全党全国贯彻绿色发展理念的自觉性和主动性显著增强，忽视生态环境保护的状况明显改变，因而厚植了促进绿色发展和绿色生活的根基。例如，公众广泛购买节能与新能源汽车、高能效家电，减少一次性塑料购物袋的使用等。随着越来越多的公民践行绿色生活方式和消费理念，保护生态环境、建设美丽中国的共识度不断提升，中国生态文明建设"最大公约数"正在形成。

6.1.2　完善生态文明制度体系

党的十八大以来，党中央高度重视生态文明制度建设。以建设美丽中国为目标，党的十八大明确了"加强生态文明制度建设"是生态文明建设的重要内容，强调"保护生态环境必须依靠制度"，提出要建立国土空间开发保护制度，完善最严格的耕地保护制度、水资源保护制度、环境保护制度。习近平总书记强调："要建立健全资源生态环境管理制度，加快建立国土空间开发保护制度，强化水、大气、土壤等污染防治制度，建立反映市场供求和资源稀缺程度、体现生态价值、代际补偿的资源有偿使用制度和生态补偿制度，健全生态环境保护责任追究制度和环境损害赔偿制度，强化制度约束作用。"[①] 把制度建设作为推进生态文明建设的重中之重，着力破解制约生态文明建设的体制机制障碍，充分表达了以习近平同志为核心的党中央推进生态文明建设的坚决态度，也牢牢抓住了中国特色社会主义生态文明建设的"牛鼻子"。

在此背景下，党的十八届三中全会提出，要紧紧围绕建设美丽中国深化生态文明体制改革，加快建立生态文明制度；健全自然资源资产产权制度和

---

① 中共中央文献研究室：《习近平关于社会主义生态文明建设论述摘编》，中央文献出版社 2017 年版，第 99–100 页。

用途管制制度，划定生态保护红线，实行资源有偿使用制度和生态补偿制度，改革生态环境保护管理体制。这实际上就是从资源管理、环境管理、生态管理的视角创新人与自然之间的关系。对于生态文明建设，习近平总书记还提出进一步的要求："生态文明领域改革，三中全会明确了改革目标和方向，但基础性制度建设比较薄弱，形成总体方案需要做些功课。"① 为此，党的十八届四中全会通过《中共中央关于全面推进依法治国若干重大问题的决定》，同党的十八届三中全会确定的生态文明体制改革任务相配合，从产权、开发保护、生态补偿、污染物防治的全过程，提出了建立生态文明法律制度的重点任务。在不断总结生态文明建设的最新经验基础上，中共中央、国务院于2015 年 5 月发布《关于加快推进生态文明建设的意见》，对生态文明建设进行全面部署，强调加快建立系统完整的生态文明制度体系，用制度保护生态环境。按照源头预防、过程控制、损害赔偿、责任追究的"十六字"整体思路，提出了严守资源环境生态红线、健全自然资源资产产权和用途管制制度、健全生态保护补偿机制、完善政绩考核和责任追究制度等 10 个方面的重大制度。这其中有几个关键制度：一是红线管控制度。从资源、环境、生态 3 个方面提出了红线管控的要求，将各类开发活动限制在资源环境承载能力之内。二是产权和用途管制制度。在产权制度上，要求对自然生态空间进行统一确权登记；在用途管制上，确定各类国土空间开发、利用、保护边界，实现能源、水资源、矿产资源按质量分级、梯级利用。三是生态补偿制度。要求加快建立生态损害者赔偿、受益者付费、保护者得到合理补偿的机制，具体有纵向补偿和横向补偿 2 个维度。纵向补偿，就是要加大对重点生态功能区的转移支付力度，逐步提高其基本公共服务水平；横向补偿，就是引导生态受益地区与保护地区之间、流域上游与下游之间，通过多种方式实施补偿，规范补偿运行机制。四是政绩考核和责任追究制度。各级党委、政府对本地区生态文明建设负总责，实行差别化的考核机制，要大幅增加资源、环境、生

---

① 中共中央文献研究室：《习近平关于社会主义生态文明建设论述摘编》，中央文献出版社2017 年版，第 103 页。

态等指标的考核权重，发挥好"指挥棒"的作用。可见，《关于加快推进生态文明建设的意见》的制定和实施，既是落实中央关于建设生态文明精神的重要举措，也是基于我国国情作出的战略部署。此后，随着我国生态文明建设实践的发展，生态环境制度建设不断推进。2015年8月1日，国务院印发《党政领导干部生态环境损害责任追究办法（试行）》，明确提出对官员损害生态环境的责任"终身追究"，构成了各级党政领导者的生态环保"责任清单"。这既是贯彻落实党的十八大和十八届三中、四中全会有关部署以及习近平总书记重要讲话精神的重要举措，也是适应经济发展新常态的必然要求，更是对人民群众期待良好生态环境的积极回应。同时，《党政领导干部生态环境损害责任追究办法（试行）》的制定，对于加强党政领导干部损害生态环境行为的责任追究，促进各级领导干部牢固树立尊重自然、顺应自然、保护自然的生态文明理念，增强各级领导干部保护生态环境、发展生态环境的责任意识和担当意识，推动生态环境领域的依法治理，不断推进社会主义生态文明建设，都具有十分重要的意义。

推进深化生态文明体制改革，就必须要尽快把生态文明制度的"四梁八柱"建立起来，把生态文明建设纳入制度化、法治化轨道。习近平总书记强调："我国生态环境保护中存在的一些突出问题，一定程度上与体制机制不健全有关。"[1]2015年7月，习近平总书记主持召开中央全面深化改革领导小组第十四次会议。会议审议通过生态文明体制"1+6"改革方案，构建了生态文明体制改革的"四梁八柱"。"1"就是《生态文明体制改革总体方案》，"6"分别是《环境保护督察方案（试行）》《生态环境监测网络建设方案》《生态环境损害赔偿制度改革试点方案》《党政领导干部生态环境损害责任追究办法（试行）》《编制自然资源资产负债表试点方案》《开展领导干部自然资源资产离任审计试点方案》，推动生态环境保护"党政同责""一岗双责"等制度落到实处。《生态文明体制改革总体方案》于2015年9月印发。方案分为10个

---

① 中共中央文献研究室：《习近平关于社会主义生态文明建设论述摘编》，中央文献出版社2017年版，第102页。

部分，共 56 条，其中改革任务和举措 47 条。方案明确提出生态文明体制改革总体目标，到 2020 年构建起由 8 项制度组成的生态文明制度体系。这 8 项制度为：健全自然资源资产产权制度；建立国土空间开发保护制度；建立空间规划体系；完善资源总量管理和全面节约制度；健全资源有偿使用和生态补偿制度；建立健全环境治理体系；健全环境治理和生态保护市场体系；完善生态文明绩效评价考核和责任追究制度。党的十八大以来，随着一系列生态文明制度陆续出台实施，我国生态文明的"四梁八柱"已经基本建立。

6.1.3 推进保护生态环境法治建设

习近平总书记于 2013 年 5 月在十八届中央政治局第六次集体学习时，指出："保护生态环境必须依靠制度、依靠法治。只有实行最严格的制度、最严密的法治，才能为生态文明建设提供可靠保障。"2014 年 4 月 24 日，第十二届全国人大常委会第八次会议通过修订后的《中华人民共和国环境保护法》。新环保法的三个亮点是：第一，环境违法，按日计罚不封顶，规定环境信用制度；第二，授予执法部门查封扣押权，引入公安机关行政拘留；第三，加大违纪行为处罚力度，设立环保公益诉讼制度。新环保法的实施，成为沉重打击环境违法者的有力武器。据环境保护部统计，截至 2015 年 11 月底，全国实施按日连续处罚案件 611 件，实施查封、扣押案件 3697 件，实施限产、停产案件 2511 件；环保与司法部门通力合作，移送涉嫌环境污染犯罪案件 1478 件[①]。与此同时，国家也加强了生态环境的督查工作，收到了积极效果。如，截至 2017 年 5 月 29 日，京津冀及周边地区大气污染防治强化督查组已发现 14932 家企业存在环境问题，占比近七成。环境保护部要求依法查处到位、整改到位，对"散乱污"企业要停产到位、拆除到位、清理到位。[②]2015 年 7 月 1 日，中央全面深化改革领导小组第十四次会议审议通过

---

① 刘毅、孙秀艳：《绿色发展，走向生态文明新时代——党的十八大以来加强生态文明建设述评》，http://www.xinhuanet.com/politics/2016-02/15/c_1118049087_2.htm。

② 柴哲彬、孙阳、付长超等：《习近平的绿色发展理念：完善"顶层设计"加固"四梁八柱"》，http://www.legaldaily.com.cn/zt/content/2017-06/07/content_719479。

了《环境保护督察方案》。会议明确，建立环保督察工作机制是建设生态文明的重要抓手，对严格落实环境保护主体责任、完善领导干部目标责任考核制度、追究领导责任和监管责任，具有重要意义。到 2017 年 5 月 24 日，中央环保督察已经完成对 23 个省（区、市）的督察，问责超过 8000 人。①2015年 8 月 30 日，中共中央办公厅、国务院办公厅印发《环境保护督察方案（试行）》。2016 年 9 月 14 日，中共中央办公厅、国务院办公厅印发《关于省以下环保机构监测监察执法垂直管理制度改革试点工作的指导意见》，对省以下环保机构监测监察执法垂直管理制度改革工作的导向和要求。此后，为了利用税收手段加强对生态环境的监管，2016 年 12 月 25 日召开了十二届全国人大常委会第二十五次会议，会上通过了《中华人民共和国环境保护税法》，进一步加强了生态环境的法治监督。加强环境保护督察，既需"督企"也需"督政"，才能让环保压力有效传导。对此，习近平指出，"实践证明，生态环境保护能否落到实处，关键在领导干部"，"要针对决策、执行、监管中的责任，明确各级领导干部责任追究情形"。②2017 年 6 月 1 日，中共中央办公厅、国务院办公厅印发《关于甘肃祁连山国家级自然保护区生态环境问题督察处理情况及其教训的通报》，要求各地区、各部门坚决扛起生态文明建设的政治责任，把生态文明建设落到实处。到这年的 8 月，全国已经开展 4 批中央环境保护督察，实现对全国各省（区、市）督察的全覆盖。可见，党的十八大以来，以习近平同志为核心的党中央以改革的方式抓生态文明建设，一项项改革措施密集出台，用实际行动回答了落实绿色发展"做什么"和"怎么做"的时代课题。

---

① 赵慧：《覆盖 23 省市问责 8000 人中央环保督察持续发力》，环保在线，http：//www.hbzhan.com/news/detail/117462.html。

② 中共中央文献研究室：《习近平关于社会主义生态文明建设论述摘编》，中央文献出版社2017 年版，第 99 页。

6.2　党的十九大关于新时代生态文明建设的理论贡献

党的十九大的召开，标志着中国特色社会主义生态文明建设进入新时代。党的十八大以来，"绿水青山就是金山银山"[①]发展理念深入人心，并融入中国人的生产生活中，生态文明建设成效显著。但是，由于我国生态建设历史欠账太多，对传统粗放式经济发展所带来的生态环境问题的治理，又很难有立竿见影的成效，从而导致"生态环境保护任重道远"[②]。故此，党的十九大对新时代条件下生态文明建设的内涵作了全面的阐述，首次将"美丽中国"确定为建设社会主义现代化强国的目标之一，并强调中国要"成为全球生态文明建设的重要参与者、贡献者、引领者"[③]。这为未来中国的生态文明建设和绿色发展指明了方向，开启了中国特色社会主义生态文明建设的新时代。

6.2.1　新时代生态文明建设的理论基础：马克思主义唯物史观、实践观和科学发展观

党的十九大首次提出"建设富强民主文明和谐美丽的社会主义现代化强国"[④]的目标，全面阐述了生态文明建设的内涵，开启了社会主义生态文明的新时代。这是马克思主义生态理论在中国的新发展，也是中国特色社会主义新时代的必然要求。新时代中国特色社会主义生态文明，以马克思主义唯物史观、实践观及科学发展观为理论基础，必将在新的实践中进一步丰富和发展。

生态文明"是人类在认识自然和改造自然的过程中，为实现人与自然之间的和谐所作的努力和所取得的成果"[⑤]，生态理论是马克思主义理论的重要组成部分。在马克思、恩格斯的生活年代，生态环境问题虽然不十分突出，

---

① 习近平：《习近平谈治国理政（第二卷）》，外文出版社2017年版，第393页。
② 习近平：《决胜全面建成小康社会　夺取新时代中国特色社会主义伟大胜利——在中国共产党第十九次全国代表大会上的报告》，人民出版社2017年版，第9页。
③ 习近平：《决胜全面建成小康社会　夺取新时代中国特色社会主义伟大胜利——在中国共产党第十九次全国代表大会上的报告》，人民出版社2017年版，第6页。
④ 习近平：《决胜全面建成小康社会　夺取新时代中国特色社会主义伟大胜利——在中国共产党第十九次全国代表大会上的报告》，人民出版社2017年版，第111页。
⑤ 俞可平：《生态文明与马克思主义》，中央编译出版社2008年版，第126页。

但他们在那时已经敏锐地意识到生态问题的严重性并前瞻性地提出生态文明思想。马克思、恩格斯各个时期著作当中都闪耀着生态文明思想的光辉。这些思想跨越时空，为当代中国生态文明建设提供了理论支撑和方法论启示。新时代中国特色生态文明理论，就是以辩证唯物主义和历史唯物主义为理论基础。唯物史观强调：人是自然界的一部分，自然界是人类生存和发展的物质前提；离开自然，人类就无法获得物质生活资料。马克思、恩格斯在考察人类文明历史的基础上指出要高度重视人与自然的关系，揭示了人与自然之间的相互制约、相互促进的辩证关系。他们认为，人类活动应该遵循自然规律，否则就会受到自然规律的惩罚。马克思、恩格斯还指出，"人类能够认识和正确运用自然规律"①，但这是一个逐步的过程；尤其要认识到，人与自然的关系是辩证统一的，人与自然是能动性和受动性的辩证统一体。对此，党的十九大报告明确提出"坚持人与自然和谐共生""人与自然是生命共同体"的基本方略，推进绿色发展和生态文明建设的新战略，"树立和践行绿水青山就是金山银山的理念"②。在谈到社会结构时，马克思、恩格斯还认为，生态结构就是社会结构的组成部分。按照唯物史观原理，历史可以划分为自然史和人类史两个方面，但只要有人存在，自然史和人类史就相互制约；物质生产的一定形式产生一定的社会结构以及人与自然的一定关系，同时人们的国家观念和国家制度也都由这两者决定。可见，在物质生产发展的基础上实现的人和自然之间的物质变换关系，不仅是整个社会结构的重要组成部分，还对社会政治结构和文化结构产生重大影响。这就启示我们，建设中国特色社会主义不仅要建设物质文明、精神文明、政治文明和社会文明，还要建设生态文明。建设生态文明，实现人与自然和谐发展，既是中国人民孜孜以求的愿望，也是党领导社会主义现代化建设的重要内容。党的十八大以来，党明确提出把生态文明建设放在突出地位，融入经济建设、政治建设、文化建设、

---

① 《马克思恩格斯选集（第4卷）》，人民出版社1995年版，第384页。
② 习近平：《决胜全面建成小康社会 夺取新时代中国特色社会主义伟大胜利——在中国共产党第十九次全国代表大会上的报告》，人民出版社2017年版，第23页。

社会建设各方面和全过程。在此基础上，党的十九大进一步明确中国特色社会主义事业"五位一体"总体布局和"四个全面"战略布局，提出建设"富强、民主、文明、和谐、美丽"是社会主义现代化强国目标，从而把生态文明提升到了新的高度。

新时代中国特色社会主义生态文明理论，不仅是适应中国发展新的历史方位的要求，也是中国现代化建设实践的必然逻辑。"时代是思想之母，实践是理论之源。"[①]马克思、恩格斯指出，人与自然辩证统一的基础是实践，实践是人与自然相分离、相对立的根本原因，同时也是人与自然相统一的中介。早在社会主义现代化建设初期，毛泽东就强调，人类在自然界面前应该束缚自己，使人类自身生产和社会生产相适应。改革开放后，邓小平在谈到社会主义现代化建设的发展战略时，提出了保护自然环境的重要性，并将保护环境确定为基本国策。在此后的社会主义现代化建设实践中，党和国家领导人又提出了可持续发展战略和科学发展观；党的十七大第一次提出了"建设生态文明"。在党的科学理论指导下和改革开放的实践中，中国生态建设无论是在观念、制度和政策层面还是在实践层面都取得了一定成效。"环境的改变和人的活动或自我改变的一致，只能被看作是并合理地理解为革命的实践。"[②]随着中国特色社会主义进入新时代，新的实践必将赋予生态文明更为丰富的内容。

由上述可知，新时代中国特色社会主义生态文明理论，坚持了马克思主义生态观的核心内容，是在实践中创新的生态文明理论，丰富和发展了马克思主义生态思想。

6.2.2　新时代生态文明建设的价值追求：以人民为中心，为人民创造良好的生态环境

生态文明的价值追求关乎生态文明建设的整体布局和建设路径。党的

---

①　习近平：《决胜全面建成小康社会　夺取新时代中国特色社会主义伟大胜利——在中国共产党第十九次全国代表大会上的报告》，人民出版社2017年版，第26页。

②　《马克思恩格斯选集（第1卷）》，人民出版社1995年版，第55页。

十九大强调新时代中国特色社会主义生态文明建设，必须"以人民为中心"，生态共建共享，"为人民创造良好的生产生活环境"。①这充分体现了中国共产党人牢记初心，把人民对美好生活的向往作为前进动力和奋斗目标，体现了新时代生态文明建设的价值追求。

新时代中国特色社会主义生态文明建设，坚持"以人民为中心"的价值取向，包含着2个基本层面：其一，生态建设的价值目标是为了人民；其二，人民要共同参与生态文明建设。

众所周知，中国共产党的根本宗旨是全心全意为人民服务。百年来，党始终牢记使命，为中国人民谋幸福，为中华民族谋复兴。经过近60年的发展尤其是改革开放以来近40年的发展，中国人民生活总体上达到了小康，这是中华民族发展史上崭新的里程碑。当今，中国社会主要矛盾，已经转化为人民日益增长的美好生活需要和不平衡不充分的发展之间的矛盾。其中重要表现之一就是，人与自然发展仍然不平衡，不能满足人民日益增长的生态环境需求，难以完全满足人民对新鲜空气、清洁水、良好环境质量的需要。坚持生态文明建设"以人民为中心"的价值导向，就是要求新时代中国特色生态文明建设，从人民群众的根本利益出发谋发展、促发展，提高人民群众的幸福感。为此，党的十九大报告强调，生态建设须"想人民所想、急人民所急"，特别是"要提供更多优质生态产品以满足人民日益增长的优美生态环境需要"②，让人民尽享自然的宁静、和谐与美丽。党的十九大报告不仅提出了解决生态文明问题的总体指导思想，而且还提出了切实可行的具体措施。这实际上就把生态文明建设明确地列入了中国共产党不忘初心、牢记使命的宏伟蓝图之中，体现出了宏大而宽广的执政情怀和治理视野。

人民群众是历史的创造者，人民群众也是新时代生态文明的创造者。新

---

① 习近平：《决胜全面建成小康社会 夺取新时代中国特色社会主义伟大胜利——在中国共产党第十九次全国代表大会上的报告》，人民出版社2017年版，第24页。
② 习近平：《决胜全面建成小康社会 夺取新时代中国特色社会主义伟大胜利——在中国共产党第十九次全国代表大会上的报告》，人民出版社2017年版，第50页。

时代生态文明建设必须依靠广大人民群众，必须坚持"一切为了人民、一切依靠人民"。党的十八大以来，党领导全国人民把生态文明建设融入经济建设、政治建设、文化建设、社会建设各方面和全过程，并取得显著成效。但总体看来，广大人民群众的生态文明理念还不足够强，中国广泛的绿色的生产方式和生活方式尚未形成。新时代生态文明建设，一方面，在中国特色社会主义"五位一体"总体布局中起着基础作用，另一方面，又为适应中国经济社会发展新常态、创新社会治理方式、改善公民生态伦理观念和行为提供不竭动力。从这个意义上说，生态文明建设"以人民为中心"，就要让人民共同参与生态文明建设，充分发挥广大人民群众在建设新时代生态文明中的重要作用。因此，建设新时代生态文明，必须突出人民群众的创造主体地位，要让人民群众充分认识生态文明建设的重大意义；同时，新时代生态文明建设要切实维护人民群众在生态建设中的切身利益，从而充分调动人民群众建设生态文明的积极性。为此，必须强化生态文化、生态伦理的教育和宣传，让人民群众深刻认识到中国社会主义初级阶段的基本国情和新时代中国社会的主要矛盾，全面把握自然规律和经济社会发展规律，最后让新时代社会主义生态文明理念内化为每个中国人的理论自觉和行动的自觉。

新时代中国特色社会主义生态文明，是党对中国生态文明的新思考，是广大人民群众在实践活动中的新创造，是在新时代中国特色社会主义建设中实现人与自然关系和谐的新回答，是中国人民在新时代背景下发起的新一轮"生态革命"。

6.2.3　新时代生态文明建设的目标：建设美丽中国，实现中国梦

新时代生态文明建设目标，是建设"美丽中国"，也是实现中国梦的重要内容。党的十九大在确定的建设中国社会主义现代化强国目标中，首次突出强调建设"美丽中国"，将生态文明与中国梦紧密结合起来。

建设新时代生态文明，就是要"还自然以宁静、和谐、美丽"[①]，实现人

---

① 习近平：《决胜全面建成小康社会　夺取新时代中国特色社会主义伟大胜利——在中国共产党第十九次全国代表大会上的报告》，人民出版社2017年版，第50页。

与自然和谐相处。生态文明理论是人们对以往生态文明行为的反思的产物。在反思中，人们认识到传统工业社会发展方式以牺牲环境和资源为代价是一种错误的选择。在世界工业文明发展史中，中国是后来者。新中国成立后，社会主义制度的建立，为中国工业文明发展开辟了崭新的道路。但同时，工业文明的发展也给中国带来了生态环境治理的繁重任务。在加速现代化建设过程中，资源短缺和生态环境破坏这两大问题已经成为统筹人与自然和谐发展的巨大障碍。党领导全国人民在开创中国特色社会主义的实践中，逐步加深对生态环境问题的认识，提出建设生态文明的思想。近年来，中国的生态环境建设虽然取得了积极进展，但面临的生态形势依然严峻。"中国式现代化是人与自然和谐共生的现代化。"[①]新时代中国特色社会主义生态文明理论，就是在坚持和发展马克思主义生态观并按照人类社会发展规律和演进逻辑，通过反思和超越西方工业文明的发展理念，汲取并发展中国传统文化中有关人与自然关系的思想精华，立足于中华民族伟大复兴的需要和广大人民群众的愿望，深刻揭示了人与自然是"人与自然是生命共同体"重要理念的深远意义。不断促进人与自然和谐统一，这是中华民族世代生存和永续发展的根基。在社会主义现代化进程中，这种根基不但不能有丝毫削弱，而且要不断得到巩固。

新时代生态文明建设，事关实现中国梦的"两个一百年"奋斗目标和中华民族伟大复兴。1949年，新中国成立标志着党领导人民实现了民族独立和人民解放，同时也为实现国家富强和人民富裕奠定了重要基础。新中国成立后，为了解决人民群众日益增长的物质文化需要同落后的社会生产之间的矛盾，党领导人民群众开始不断探索具有中国特色的现代化建设进程。由于缺乏经济建设经验，国家制定的经济政策曾出现了一些偏差，致使粗放型、资源型工业规模不断扩大，导致生态环境遭受一定破坏。改革开放以来，中国特色社会主义建设事业全面发展，实现了人民从解决温饱、总体小康到向决胜全

---

① 习近平：《决胜全面建成小康社会　夺取新时代中国特色社会主义伟大胜利——在中国共产党第十九次全国代表大会上的报告》，人民出版社2017年版，第50页。

面建成小康社会的迈进。由于长期的粗放型经济增长方式造成的严重生态环境问题，在短期内难以消除，对人民群众生产生活和中国经济社会永续发展造成严重威胁。中国共产党在领导现代化建设的实践中一贯重视生态建设并在实践中逐步加深了对生态建设的认识。从改革开放初期党领导人民将环境保护确立为国家的基本政策，到积极推进社会主义市场经济建设中实施可持续发展战略、统筹人与自然协调发展，再到党的十八大将生态文明建设列入社会主义建设的"五位一体"总体格局，中国生态文明建设不断发展。党的十九大科学分析了中国特色社会主义进入新时代后的社会主要矛盾变化，明确指出，建设生态文明是中华民族永续发展的千年大计，生态文明建设是新时代坚持和发展中国特色社会主义基本方略的重要内容。从"建设美丽中国"的角度看，党的十九大的这个判断有着极为重要的指导意义。因为，当前的生态文明建设是全面建成小康社会的突出短板，将会制约着新时代中国特色社会主义物质文明、政治文明和精神文明的进一步发展，也影响着和谐社会建设。中国总体进入小康后，广大人民群众开始从原来的"盼温饱"过渡到现在的"盼环保"，从曾经的"求生存"发展为当下的"求生态"。中国特色社会主义事业发展实践也证明，生态文明是物质文明、政治文明、精神文明以及和谐社会建设的前提条件。为此，党的十九大在提出了"人与自然和谐共生"的新论断基础上，在实现第二个百年奋斗目标的进程安排中明确要求，到2035年中国基本实现现代化之时，"美丽中国"的建设目标也要基本实现；到本世纪中叶，要实现"富强民主文明和谐美丽的社会主义现代化强国"的建设目标。这是中华民族根本利益之所在，是推进新时代中国特色社会主义建设的内在要求，对实现中华民族伟大复兴的中国梦具有根本意义。

可见，实现中华民族伟大复兴，必须合乎时代潮流，必须顺应人民意愿。新时代中国特色社会主义生态文明理论，是对人与自然关系的正确反映，是人类文明的结晶，是广大人民对美好生活需要的重要体现。

6.2.4 新时代生态文明建设的全球影响：贡献构建人类命运共同体的中国方案，彰显中国文化自信

新时代生态文明建设，既为中国人民创造良好的生产生活环境，也为全球生态安全贡献中国方案和中国智慧。同时，展现了中国对人类文明进步的责任担当，推进了"中国理论"和"中国声音"走向世界。

生态建设事关全球每个国家的生存、发展和安全。传统工业文明发展方式引发的全球性生态危机，其实质是破坏了人与自然、人与人之间的关系。在经济全球化的背景下，众多全球性生态环境问题在不断蔓延和加剧，演变为制约人类生存与发展的经济问题、政治问题、文化问题和社会问题，进而给世界各国造成非传统安全威胁。面对全球性生态环境问题，世界上没有哪个国家能独自应对，也没有哪个国家能够退回到自我封闭式发展的孤岛。当前，生态文明建设已成为全球性共同话题和时代发展潮流。习近平总书记在刚刚闭幕的中国共产党与世界政党高层对话会上指出："当前，世界格局在变，发展格局在变，各个政党都要顺应时代发展潮流"①，同心协力构建人类命运共同体。构建人类命运共同体，是中国共产党为全球治理和人类发展贡献的中国智慧，是中国为解决全球性生态环境治理而提出的"中国方案"的基础与关键内核。"中国共产党是为中国人民谋幸福的政党，也是为人类进步事业而奋斗的政党。"②党的十九大郑重提出，中国要"成为全球生态文明建设的重要参与者、贡献者、引领者"③。随着中国特色社会主义进入新时代这一新的历史发展方位，党的十九大全面论述了新时代生态文明建设，提出一系列有关新时代生态文明建设的新思想、新论断，强调"人类必须尊重自然、顺应自然、保护自然""构筑尊崇自然、绿色发展的生态体系""推进绿色发展"，

---

① 习近平：《携手建设更加美好的世界——在中国共产党与世界政党高层对话会上的主旨讲话》，央广网，http：//news.cnr.cn/native/gd/2017/t201712o1/tt20171201_524047053.shtml。

② 习近平：《决胜全面建成小康社会　夺取新时代中国特色社会主义伟大胜利——在中国共产党第十九次全国代表大会上的报告》，人民出版社 2017 年版，第 57 页。

③ 习近平：《决胜全面建成小康社会　夺取新时代中国特色社会主义伟大胜利——在中国共产党第十九次全国代表大会上的报告》，人民出版社 2017 年版，第 6 页。

并发挥制度建设在其间的核心作用。新时代中国特色生态文明理论，既重视中国国内生态建设，也强调中国在全球生态环境治理中的作用。党的十九大将新时代中国特色社会主义建设与人类普遍关注的全球性问题密切联系起来，"坚定走生产发展、生活富裕、生态良好的文明发展道路，建设美丽中国，为人民创造良好生产生活环境，为全球生态安全作出贡献"①。党的十九大所倡导的"保护好人类赖以生存的地球"，建设"清洁美丽的世界"，就是在积极推进构建人类生态命运共同体。可见，新时代生态文明理论的形成，不仅对建设"美丽中国"意义重大，也正推动全球生态环境治理方案的形成。正如2016年联合国环境规划署发布的一份报告指出："中国的生态文明建设理念和经验，正在为全世界可持续发展提供重要借鉴。"②

　　新时代中国特色社会主义生态文明理论之所以能够为构建全球生态建设贡献中国智慧，源于其深厚的中国文化。在建设"美丽清洁世界"的目标下，新时代中国特色社会主义生态文明理论，不仅彰显了中国文化自信，体现了中国生态建设从文化自觉到理论自觉，也增强了国家"软实力"，提升了中国国际话语权。具有千年历史的博大精深的中华文化，关于人与自然的关系认识和理解，一直强调"天人合一""仁民爱物"，进而形成了人与自然相统一的伦理智慧和思想。当今，新时代中国特色社会主义生态文明理论，又重新审视中华传统文化，在实践中继承和发扬其有关人与自然关系的文化精华。如果说中华传统文化是构建新时代中国特色社会主义生态文明理论的文化前提，那么马克思主义生态观则为其奠定了理论基础。中国共产党自诞生以来，在实践中坚持马克思主义中国化，特别是在领导社会主义现代化建设中，坚持以人民为中心，以实现人的自由全面发展为价值目标，不断探索人与自然和谐共生的绿色发展模式。新时代中国特色社会主义生态文明理论，就是党

179

---

① 习近平：《决胜全面建成小康社会　夺取新时代中国特色社会主义伟大胜利——在中国共产党第十九次全国代表大会上的报告》，人民出版社2017年版，第4页。
② 董峻、王立彬、高敬等：《开创生态文明新局面——党的十八大以来以习近平同志为核心的党中央引领生态文明建设纪实》，新华网，http://news.xinhuanet.com/2017-08/02/c_1121421208.htm。

领导人民对中国现代化建设实践的总结，是将中国生态建设道路、中国生态建设理论、中国生态建设制度上升到文化的认识高度，是中国特色社会主义文化的重要内容，是中国文化自信的重要体现，也为构建人类生态命运共同体贡献着自己的智慧。

总之，建设生态文明是构建人类命运共同体的重要内容。随着中国社会进入新的历史方位，新时代中国特色社会主义生态文明不仅为建设"美丽中国"指明了方向，也为努力建设一个山清水秀、清洁美丽的世界，共同营造和谐宜居的人类家园，为构建人类命运共同体贡献中国方案和中国智慧。

此间，党的十九大通过的党章修正案，吸收了习近平总书记关于推进生态文明建设的重要思想观点及习近平总书记在党的十九大报告中关于生态文明建设的重要论述，在总纲原第十八自然段中，增写增强绿水青山就是金山银山的意识、实行最严格的生态环境保护制度等内容。作这样的充实，有利于全党牢固树立社会主义生态文明，自觉践行绿色发展理念，同心同德建设美丽中国，开创社会主义生态文明新时代。

综上所述，党的十九大关于新时代中国特色社会主义生态文明建设的一系列新论断和新部署，明确了建设美丽中国为社会主义现代化强国建设的重要任务，并勾画了路线图，将生态文明建设提升到了一个崭新的高度。党的十九大开启的新时代生态文明建设，是为了实现人与自然及人类社会的和谐，缓解人口与资源环境之间的矛盾，尤其是要改变因社会发展所带来的资源枯竭、环境污染破坏、生态失衡等状态，而采取的符合生态系统发展规律的系列措施和实现路径。党的十九大报告坚持马克思主义生态文明观，立足于中国客观实际及全球生态环境，强调人是生态建设的价值中心，将人的全面发展同人与自然和谐统一起来，创新性提出了新时代生态文明建设的一系列重要论断，形成新时代中国特色社会主义生态文明建设理论。新时代生态文明建设理论具有丰富的理论内涵。深刻领会新时代中国特色社会主义生态文明建设的理论内涵，有助于全党全国人民牢固树立社会主义生态文明观，自觉践行绿色发展理念，同心同德建设美丽中国，开创社会主义生态文明新时代；对于实现中国人民和世界人民的"生态梦"，对于促进中华民族伟大复兴、促成人类命运共同体发展以及推进中国理论走向世界有着重要意义。

6.3　习近平生态文明思想与我国的生态文明建设

随着中国特色社会主义进入新时代，以习近平同志为核心的党中央以前所未有的力度抓生态文明建设，把生态文明建设摆在党和国家工作全局的重要位置。在"五位一体"总体布局中，生态文明建设是其中一位；在新时代坚持和发展中国特色社会主义基本方略中，坚持人与自然和谐共生是其中一条；在发展理念中，绿色是其中一项；在三大攻坚战中，污染防治是其中一战；到本世纪中叶建成社会主义现代化强国目标中，美丽中国是其中一个。党的十八大以后，习近平总书记在总结中国现代化建设实践经验中，从实现中华民族伟大复兴的中国梦的战略高度，围绕现代化建设事业总布局，就进一步推进生态文明建设提出了一系列更加深入的论述。习近平生态文明思想深刻回答了为什么建设生态文明、建设什么样的生态文明、怎样建设生态文明等重大理论和实践问题，这是党对生态文明建设认识的新成果，为建设美丽中国和实现中华民族永续发展提供了思想指导、规划了蓝图。

6.3.1　关于生态与文明兴衰的关系

2013 年 5 月 24 日，习近平总书记主持中共中央政治局第六次集体学习并发表讲话。他从人类文明兴衰的高度强调生态建设的重要性，指出"生态文明是人类社会进步的重大成果。人类经历了原始文明、农业文明、工业文明，生态文明是工业文明发展到一定阶段的产物，是实现人与自然和谐发展的新要求。历史地看，生态兴则文明兴，生态衰则文明衰"[1]。这一深刻论述，以辩证唯物主义生态观为基础，深刻揭示和阐述了生态与文明兴衰的客观联系。回顾人类文明发展历史可以看出，影响深远的古代四大文明都发源于生态优良的自然环境之中。此后，随着第一次、第二次工业革命的发展，资本

---

[1]　中共中央文献研究室：《习近平关于社会主义生态文明建设论述摘编》，中央文献出版社 2017 年版，第 6 页。

主义工业文明一方面创造了巨大物质财富，另一方面也给人类赖以生存的生态环境造成巨大创伤。最终致使整个人类社会面临严重的生态危机，人类文明的传承和延续也面临挑战。对此，习近平总书记指出：人类不断追求发展与有限地球资源的供给是矛盾的，并且这种矛盾是永恒的。这种"天育物有时，地生财有限，而人之欲无极"的矛盾，是人类在发展过程中必须要解决和面对的；要用"一松一竹真朋友，山鸟山花好兄弟"的生态文明理念去尊重、顺应并保护自然。2013年11月15日，习近平总书记在对《中共中央关于全面深化改革若干重大问题的决定》作说明时指出："山水林田湖是一个生命共同体，人的命脉在田，田的命脉在水，水的命脉在山，山的命脉在土，土的命脉在树。"用途管制和生态修复必须遵循自然规律，由一个部门负责领土范围内所有国土空间用途管制职责，对山水林田湖进行统一保护、统一修复是十分必要的。习近平总书记的论述充分体现了中国传统文化中万事有度、过犹不及的平衡思想。"生态兴则文明兴，生态衰则文明衰"，深刻阐明了生态文明建设在中国现代化建设中的极端重要性，有利于增强全党全国人民不断改善生态环境、实现中华民族一代接着一代永续发展的强烈责任感和时代紧迫感。以习近平同志为核心的党中央对整个人类文明发展历史经验教训的总结，也彰显了执政中国共产党人高度的文明自觉与生态自觉。

6.3.2 关于生态环境保护与发展生产力的关系

2013年4月，习近平总书记在海南省考察期间论述了生态环境与生产力之间的关系。他说，"生态环境保护的成败，归根结底取决于经济结构和经济发展方式"，"加快构建绿色生产体系"[①]。2014年3月，习近平在参加十二届全国人大二次会议贵州代表团审议时又明确指出，"保护生态环境就是保护生产力，改善生态环境就是发展生产力"[②]。习近平总书记深刻阐述了加强生

---

① 中共中央文献研究室：《习近平关于社会主义生态文明建设论述摘编》，中央文献出版社2017年版，第19页。
② 中共中央文献研究室：《习近平关于社会主义生态文明建设论述摘编》，中央文献出版社2017年版，第23页。

态建设同大力发展生产力之间的内在统一关系，标志着是党关于生态与发展理念的再次升华，有利于澄清此前全国上下对发展经济与生态建设之间不正确的认识，从而有利于摈弃以前那种以牺牲生态环境去换取物质生产增长的错误做法。改革开放以来，党中央确立了以经济建设为中心的政治路线，这是中国经济不断快速发展的前提和基础。但在此过程中，一些地方和领域从局部利益出发，不能正确处理经济与生态的关系，无节制地消耗资源和能源，严重破坏生态环境。这种状况如果得不到改变，中国的可持续发展就难以实现，社会主义现代化建设的宏伟目标和任务就难以实现。关于中国生态建设的现状和形势，习近平总书记指出，多年以来所积累生态环境欠账已经太多了。如果现在不能把生态建设这项工作认真深入地紧抓和落实，中国未来的发展将会为此付出更加沉重的代价。2013 年 4 月 25 日，习近平总书记在主持召开十八届中共中央政治局常委会会议时谈道："如果仍是粗放发展，即使实现了国内生产总值翻一番的目标，那污染又会是一种什么情况？届时资源环境恐怕完全承载不了。""经济上去了，老百姓的幸福感大打折扣，甚至强烈的不满情绪上来了，那是什么形势？所以，我们不能把加强生态文明建设、加强生态环境保护、提倡绿色低碳生活方式等仅仅作为经济问题。这里面有很大的政治。"2013 年 5 月 24 日，习近平总书记在中央政治局第六次集体学习时又进一步指出："要正确处理好经济发展同生态环境保护的关系，牢固树立保护生态环境就是保护生产力、改善生态环境就是发展生产力的理念，更加自觉地推动绿色发展、循环发展、低碳发展，决不以牺牲环境为代价去换取一时的经济增长。"习近平总书记还形象地把二者的关系比喻成金山银山与绿水青山的关系。2014 年 3 月 7 日，习近平总书记在参加贵州团审议时强调："保护生态环境就是保护生产力，绿水青山和金山银山绝不是对立的，关键在人，关键在思路"。脱离环保搞经济发展，是"竭泽而渔"；离开经济发展抓环境保护，是"缘木求鱼"。他主张在保护中发展，在发展中保护；要运用倒逼机制，实行从严从紧的环境政策，把生态环境保护要求传导到经济转型升级上来。2015 年 10 月 26 日，习近平在党的十八届五中全会第一次全体会议上强调，"生态文明建设事关中华民族永续发展和'两个一百年'奋斗目标的实现，保护生态环境就是保护生产力，改善环境就是发展生产力"。习近平总书记的这些论述体现了发展经济同保护环境间的辩证关系。正如恩格斯所言：劳动加上自然界才是一切财富的源泉。在生态文明建设中，习近平总书记非常强调创新的观点。他反对走先污染后治理，用牺牲环境换取经济增长的老路，要求创新思维。习近平总书记把环境保护的本质看成经济结构、生产方式、消费方式的问题，并主张把环境治理同中国的国情与发展阶段相结合。他反对简单地以 GDP 增长论英雄，要把资源、环境及生态效益等指标，综合纳入经济发展评价体系，增加考核权重。对产生严重后果者，要追究责任，且要终身追究。这就要呼唤新理念、新思路、新方法。可见，必须高度重视作为生产力要素之一的生态环境，在尊重自然生态规律的基础上，充分保护好、利用好已有的生态环境。只有这样才能更进一步发展生产力，实现人与自然和谐统一。

6.3.3　提出生态环境就是民生福祉的科学论断

2013 年 5 月 24 日，习近平总书记在第十八届中央政治局第六次学习时强调，"建设生态文明，关系人民福祉，关乎民族未来"。他说，"党的十八大把生态文明建设纳入中国特色社会主义事业五位一体总体布局，明确提出大力推进生态文明建设，努力建设美丽中国，实现中华民族永续发展"。这标志着我们对中国特色社会主义规律认识的进一步深化，表明了我们加强生态文明建设的坚定意志和坚强决心。[①]2013 年 9 月 7 日，习近平在哈萨克斯坦纳扎尔巴耶夫大学回答学生问题时指出："建设生态文明是关系人民福祉、关系民族未来的大计。"2013 年 4 月，习近平在海南考察时指出："良好生态环境是最公平的公共产品，是最普惠的民生福祉。"建设生态文明，是中国顺应人类社会发展趋势的必然选择，也是中国实现经济社会永续发展的关键抉择。2014 年 3 月 7 日，习近平在参加贵州团审议时强调："小康全面不全面，生态环境质量很关键""要创新发展思路，发挥后发优势""要树立正确发展思路，

---

① 中共中央文献研究室：《习近平关于社会主义生态文明建设论述摘编》，中央文献出版社 2017 年版，第 5 页。

因地制宜选择好发展产业，切实做到经济效益、社会效益、生态效益同步提升，实现百姓富、生态美有机统一"。面对严峻的挑战，中国只有走全面协调、可持续的发展之路，才能实现经济社会发展同生态建设事业的双赢。习近平总书记指出，"环境保护和治理要以解决损害群众健康突出环境问题为重点，坚持预防为主、综合治理，强化水、大气、土壤等污染防治，着力推进重点流域和区域水污染防治，着力推进重点行业和重点区域大气污染治理"。2017年5月26日，习近平在十八届中央政治局第四十一次集体学习时强调，"如果不抓紧、不紧抓，任凭破坏生态环境的问题不断产生，我们就难以从根本上扭转我国生态环境恶化的趋势，就是对中华民族和子孙后代不负责任"①。生态环境就是民生福祉的科学论断，从生态与民生的关系角度，进一步丰富与发展了民生建设的内涵。这既是广大人民群众对小康社会建成和现代化实现的新期待，也是党的执政理念的新发展。

6.3.4　强调节约资源是保护生态环境的根本

加强生态文明建设，是破解中国经济社会发展难题的必由之路。改革开放30多年来，中国年均经济增长率达到10%左右，几乎是同期世界发达国家的3倍，但由于中国长期以来实行的是粗放型经济发展方式，在发展的同时大量消耗能源资源，并为此付出了高昂的生态环境代价。而外界生态环境因素的优劣，又直接决定着人的健康与幸福，涉及广大人民的福祉。2013年5月24日，习近平总书记在主持中共中央政治局第六次集体学习时指出："节约资源是保护生态环境的根本之策。要大力节约集约利用资源，推动资源利用方式根本转变，加强全过程节约管理，大幅降低能源、水、土地消耗强度，大力发展循环经济，促进生产、流通、消费过程的减量化、再利用、资源化。"节约资源、保护环境，关系经济社会可持续发展，关系人民群众切身利益，关系中华民族生存发展。习近平总书记强调，"国土是生态文明建设的空间载体。要按照人口资源环境相均衡、经济社会生态效益相统一的原则，整体谋

185

---

① 中共中央文献研究室：《习近平关于社会主义生态文明建设论述摘编》，中央文献出版社2017年版，第15页。

划国土空间开发，科学布局生产空间、生活空间、生态空间，给自然留下更多修复空间"。2017年5月，习近平在山西考察工作时指出，"要从转变经济发展方式、环境污染综合治理、自然生态保护修复、资源节约集约利用、完善生态文明制度体系等方面采取超常举措，全方位、全地域、全过程开展生态环境保护"。习近平总书记还指出，必须长期坚持保护环境和节约资源的基本国策，通过大力宣传正确的生态观念，着力加强生态文明制度建设，不断优化生态环境。

6.3.5　提出法治是建设生态文明的根本保障

中国生态文明建设中存在的一些严重问题，绝大多数与相应的体制机制不完善、法治保障不到位有密切关系。2013年5月24日，习近平总书记在中共中央政治局第六次集体学习时指出："要建立责任追究制度，主要对领导干部的责任追究。对那些不顾生态环境盲目决策、造成严重后果的人，必须追究其责任，而且应该终身追究。真抓就要这样抓，否则就会流于形式。不能把一个地方环境搞得一塌糊涂，然后拍拍屁股走人，官还照当，不负任何责任。"习近平总书记强调，"要建立健全资源生态环境管理制度，加快建立国土空间开发保护制度，强化水、大气、土壤等污染防治制度，建立反映市场供求和资源稀缺程度、体现生态价值、代际补偿的资源有偿使用制度和生态补偿制度，健全生态环境保护责任追究制度和环境损害赔偿制度，强化制度约束作用"。建设中国特色的生态文明，必须严格相关制度管理，运用最严密的法治手段。"知之非艰，行之唯难。"2013年11月15日，习近平总书记在对《中共中央关于全面深化改革若干重大问题的决定》作说明时强调，"我国生态环境保护中存在的一些突出问题，一定程度上与体制不健全有关，原因之一是全民所有自然资源资产的所有权人不到位，所有权人权益不落实。针对这一问题，全会决定提出健全国家自然资源资产管理体制的要求"。习近平总书记还强调，要突出生态环境在经济社会发展评价体系的重要位置，不能仅仅以生产总值增长的标准考核官员政绩。法律是红线、法治是底线。习近平总书记指出，"要牢固树立生态红线的观念。在生态环境保护问题上，就是要不能越雷池一步，否则就应该受到惩罚"。2017 年 5 月 26 日，习近平在中央政治局集体学习时指出，"推动绿色发展，建设生态文明，重在建章立制，用最严格的制度、最严密的法治保护生态环境"①。习近平提出的"实行最严格的制度、最严密的法治"的"最严"生态"法治观"，充分表达了党中央的坚决态度，同时也牢牢抓住了生态文明建设的关键。生态文明建设既事关发展方式，又事关人民福祉，只有筑牢保护生态环境的制度防护墙，"美丽中国"才能"梦想成真"。

6.3.6 提出生态文明是实现中华民族伟大复兴中国梦的重要内容

共筑中华民族伟大复兴的中国梦，不仅包括繁荣的经济、民主的政治及和谐的社会，还包含丰富的文明，更离不开为广大人民群众创造良好的生态环境。生态文明贵阳国际论坛 2013 年年会开幕，习近平总书记致贺信说：走向生态文明新时代，建设美丽中国，是实现中华民族伟大复兴的中国梦的重要内容。生态环境是中国梦的一部分，衣食住行无不与环境有关，是老百姓最基础最现实的考虑，所有人概莫能外。党的十八大确定了到 2020 年国内生产总值和城乡居民人均收入比 2010 年翻一番的目标。但是，如果中国继续以牺牲环境为代价的粗放式增长，生态环境只会遭到更加严重的破坏，那么，再高的 GDP，再高的收入，也不能拯救赖以生存的环境。当环境破坏了，民生就无从谈起，自然界也会进行报复。2013 年 5 月 24 日，习近平总书记在中共中央政治局第六次集体学习时指出："生态环境保护是功在当代、利在千秋的事业。要清醒认识保护生态环境、治理环境污染的紧迫性和艰巨性，清醒认识加强生态文明建设的重要性和必要性，以对人民群众、对子孙后代高度负责的态度和责任，真正下决心把环境污染治理好、把生态环境建设好，努力走向社会主义生态文明新时代，为人民创造良好生产生活环境。" 2013 年 11 月，中共十八届三中全会召开。习近平总书记在大会上对《中共中央关于全面深化改革决定》作了说明，共用 600 多字、分 6 个段落论述生态文明建设。其中指出："紧紧围绕建设美丽中国深化生态文明体制改革，加快建立生态文明

---

① 中共中央文献研究室：《习近平关于生态文明建设论述摘编》，中央文献出版社 2017 年版，第 110 页。

制度"，"推动形成人与自然和谐发展现代化建设新格局"，还在分论中，用900 多字论述了加快推进生态文明制度建设问题。2014 年 3 月 27 日，习近平总书记在联合国教科文组织总部发表演讲。他强调，实现中国梦，是物质文明和精神文明均衡发展、相互促进的结果。没有文明的继承和发展，没有文化的弘扬和繁荣，就没有中国梦的实现。保护生态环境，关乎广大人民群众的根本利益，体现着中华民族长远的发展利益。只有深刻意识到生态环境对国家对人民发展的深刻意义后，才能切实作出行动保护环境，才能拥有蓝天、碧水、青山、绿地。2014 年 10 月，党的十八届四中全会召开，会上通过《中共中央关于全面推进依法治国若干重大问题的决定》，强调要完善立法体系、实现生态环境法治体系化，并明确了生态法治建设政治方向与生态环境立法模式。

党的十八大以来，习近平总书记关于社会主义生态文明建设的一系列重要论断，立意高远，内涵丰富，思想深刻，对于我们认识生态文明建设的重大意义，坚持和贯彻新发展理念，正确处理好经济发展同生态环境保护的关系，坚定不移走生产发展、生活富裕、生态良好的文明发展道路，加快建设资源节约型、环境友好型社会，推动形成绿色发展方式和生活方式，推进美丽中国建设，实现中华民族永续发展，夺取全面建成小康社会决胜阶段的伟大胜利，实现"两个一百年"奋斗目标、实现中华民族伟大复兴的中国梦，具有十分重要的指导意义。

综上所述，习近平生态文明思想是马克思主义中国化的重大理论创新成果，不仅标志着党对人类社会发展规律、社会主义建设规律、共产党执政规律的认识达到了一个新高度，也体现了马克思主义唯物辩证法和生态观的思想精髓，蕴含着尊重自然规律、追求人与自然和谐的高度智慧，贯穿着心系民生、为民造福的深厚情怀，为准确把握和科学推进新时代中国特色社会主义生态文明建设提供了理论依据和思想武器。

第 7 章

党的生态文明建设理论的成就与经验

改革开放以来，中国共产党在领导全国各族人民建设中国特色社会主义过程中，坚持马克思主义生态观，通过批判继承中国古代人与自然和谐的思想并吸收西方生态建设理论的合理部分，党的生态文明建设理论不断发展，取得了举世瞩目的成绩，并积累了丰富的实践经验。

7.1 显著成绩

7.1.1 制定了多层次生态建设政策

70 年代之前，中国没有开展综合性的生态建设工作。在第一次全国环境保护会议之后，特别是到了改革开放以后，党对生态建设问题的认识不断深化。1978 年底，中共中央批准的国务院环境领导小组《环境保护工作汇报要点》，第一次以党中央的名义对环境保护作出重要指示，标志着生态建设工作进入党中央最高决策层。1983 年的第二次全国环境保护会议上，党和政府宣布环境保护为一项基本国策。为了与这一基本国策相配套，会议制定了"同步发展"的方针。这个同步发展方针，不仅同几年后联合国提出的可持续发展的思路一致，还更加具有针对性和可操作性。1989 年 5 月，第三次全国环境保护会议提出，加强制度建设，深化环境监管，促进经济与环境协调发展，并推出了"三大政策"：预防为主、谁污染谁治理及强化环境管理。从第一次、第二次全国环境保护大会到第三次全国环境保护大会，会上提出的方针、政策和措施，都变成了国务院的规定下发了，形成了国家行政法规。接着这些方针、政策和措施，又大都上升到法律地位。可以看出，20世纪80年代初到90年代初，由国家环境保护局提出政策草案，经国务院审理又变成了国家行政法规，全国人大通过了立法再将其法律化，三个环节的衔接比较畅通。1992年，党的十四大把"加强环境保护"作为中国90年代改革与建设的十大任务之一，确立了生态建设工作的重要地位。1996年7月，第四次全国环境保护会议提出保护环境是就是保护生产力，是实施可持续发展战略的关键。由于中国是发展中国家，必须毫不动摇地把发展经济放到各项现代化建设事业的首位，其余各项工作也必须紧紧围绕经济建设进行；同时，中国的改革开放事业又是在人口众多，而人均资源相对较少，同时经济与科技水平起点低的条件下快速发展的。在这种形势下，只有坚持可持续发展道路，才能逐渐实现国家长治久安。因此，1997年，党的十五大明确提出实施可持续发展战略。2002年1月，第五次全国环境保护会议提出，保护环境是各级政府的重要职能，要按照社会主义市场经济的要求，动员全社会的力量做好这项工作。党的十六大之后，在科学发展观指导下，党中央又提出要统筹人与自然，建设和谐社会以及走新型工业化发展道路，建设生态文明等新的发展理念。2006年4月，第六次全国环境保护会议提出了环境保护要实现"三个转变"①，标志着中国进入以保护环境优化经济增长的新阶段。党的十七大报告将建设资源节约型、环境友好型社会写入党章，把建设生态文明作为全面建设小康社会目标确定下来，并将"到2020年成为生态环境良好的国家"作为全面建设小康社会的重要要求之一。这标志着生态建设作为全党意志，进入国家政

---

① "三个转变"是指从重经济增长、轻环境保护，转变为保护环境与经济增长并重；从环境保护滞后于经济发展，转变为环境保护和经济发展同步；从主要用行政办法保护环境，转变为综合运用法律、经济、技术和必要的行政办法解决环境问题。

治经济生活的主干线、主战场和大舞台。2011年12月，第七次全国环境保护会议提出，"在发展中保护，在保护中发展"的指导思想。"坚持在发展中保护，在保护中发展，以改革创新的为动力，积极探索环境保护新道路"这一思想，成为这次会议的主线和最大的亮点。党的十八大将生态文明写入党章并做出阐述，中国特色社会主义事业总体布局更加完善，生态文明建设的战略地位更加明确。党的十九大修改通过的党章增加"增强绿水青山就是金山银山的意识"等内容。2018年3月通过的宪法修正案将生态文明写进宪法，实现了党的主张、国家意志、人民意愿的高度统一。党的二十大报告再次强调，必须牢固树立和践行绿水青山就是金山银山的理念，站在人与自然和谐共生的高度谋划发展。党的十八大之后，生态文明建设不仅在中国特色社会主义建设"五位一体"总体布局中不断推进，而且已成为实现"中国梦"的重要内容。以上这些都是党关于生态建设政策思想升华的重要体现。

作为上述生态建设政策的延续和深化，中国的生态建设制度不断完善。为了采取以经济手段加强生态建设管理，国务院于1982年颁布了《征收排污费暂行管理办法》，在全国开展了排污费征收工作。排污费的征收，有力地促进了企业对污染源的治理，成为强化生态建设的一项重要措施。80年代，全国各级环境管理部门在实施排污收费制度、环境影响评价制度和"三同时"管理制度的基础上，运用行政手段强化管理，在环境管理中引入责任制，将环境目标和任务层层分解。1985年，国务院又颁发了《工业企业环境保护考核制度实施办法（试行）》。此后，全国一些地方省与市、市与县区、市与企业签订了各种形式的环境保护责任书，并在实践中为建立和形成以总量控制和责任控制为核心的新的管理模式积累了经验。1989年第三次全国环境保护会议强调继续实行环境影响评价、"三同时"、排污收费这3项生态建设制度，同时，会议又指出要积极深化环境保护目标责任、城市环境定量考核、排污许可证、污染集中和污染源限期治理等5项制度。可以说这些制度符合中国国情，富有中国特色。2006年，第六次全国环境保护会议强调，"要建立环境保护目标管理责任制，并将环保目标纳入经济社会发展评价范围和干部政绩考核"。会议还指出，"实行污染物排放总量控制制度。这是减少环境污染的'总闸门'"。会议指出，加强对建设项目的环境影响评价制度，是防止新增污染的重要关口。2011年10月，国务院在发布的《关于加强环境保护重点工作的意见》中指出，"我国环境管理工作还有很多方面不健全，一些工作的力度不大，水平较低，需要从体制机制创新上加强和完善"[①]。"严格执行环境保护监督管理制度。凡是依法应当进行环境影响评价的重点流域、区域开发和行业发展规划以及建设项目，必须严格履行环境影响评价程序，并把主要污染物排放总量控制指标作为新改扩建项目环境影响评价审批的前置条件。"[②]12月，李克强总理在第七次全国环境保护会议上指出，"加强环境保护是推进生态文明建设的根本途径"[③]。所有这些表明，党的生态建设的政策和制度逐渐成熟，并且越来越具有指导性和前沿性。

7.1.2　构建了一系列生态建设法律法规

2015年4月，中共中央、国务院印发《关于加快推进生态文明建设的意见》。这是党中央就生态文明建设作出全面部署的第一个文件。2018年6月，党中央、国务院印发《关于全面加强生态环境保护 坚决打好污染防治攻坚战的意见》，保持力度、延伸深度、拓宽广度，以更高标准打好蓝天、碧水、净土保卫战。

1978年12月，中共中央在批转《环境保护工作汇报要点》的通知中就提出，"要制定消除污染、保护环境的法规"。[④]随着1978年《中华人民共和国宪法》首次写入环境保护内容和1979年《中华人民共和国环境保护法（试行）》的颁布，中国生态建设立法全面展开。改革开放以后，中国的生态建设立法大致历经3个阶段：从1978年到1992年，生态建设立法以"预防为主、

---

① 环境保护部：《第七次全国环境保护大会文件汇编》，中国环境科学出版社2012年版，第273页。

② 环境保护部：《第七次全国环境保护大会文件汇编》，中国环境科学出版社2012年版，第2–3页。

③ 环境保护部：《第七次全国环境保护大会文件汇编》，中国环境科学出版社2012年版，第56页。

④ 国家环境保护总局、中共中央文献研究室：《新时期环境保护重要文献选编》，中央文献出版社、中国环境科学出版社2001年版，第2页。

防治结合"为方针，生态建设立法迅速发展；从 1992 年到 2006 年，生态建设立法坚持可持续发展战略，生态建设法制框架初步形成；2006 年之后，贯彻"环境优化经济增长"理念，生态建设法制进入新阶段。党的十八大以来，持续完善生态环境法律法规，构建源头严防、过程严管、后果严惩的生态文明制度体系，以最严格制度、最严密法治保护生态环境。2014 年修订的《中华人民共和国环境保护法》，被称为史上最严格环保法。2017 年 2 月，中共中央办公厅、国务院办公厅印发《关于划定并严守生态保护红线的若干意见》，保障和维护国家生态安全底线和生命线，为实现中华民族永续发展奠定坚实基础。

1. 生态建设走上法制之路

从 1978 年到 1992 年，除了 1978 年《中华人民共和国宪法》对生态建设作出明确规定外（《中华人民共和国宪法》第十一条第三款规定：国家不仅保护环境与自然资源，还严格防治污染和各类公害。这是新中国成立以来首次以根本大法的形式对环境保护作出规定），还颁布了《中华人民共和国环境保护法（试行）》，并制定了一批污染防治单项法律。特别是进入 80 年代后，中国环境保护立法得到迅速发展，如《中华人民共和国海洋环境保护法》（1982 年）、《中华人民共和国水污染保护法》（1984 年）、《中华人民共和国大气污染防治法》（1987 年）《中华人民共和国环境污染防治条例》（1989 年）等法律、法规相继出台。1982 年《中华人民共和国宪法》还明确规定："国家保护和改善生活环境和生态环境，防治污染和其他公害。""国家组织和管理植树造林，保护林木。"这些关于生态建设的规定明确了既要保护环境，又要改善环境；既要保护和改善生活环境，又要保护和改善生态环境，将保护和改善生活环境、生态环境上升为国家一项基本国策与根本任务。1989 年 12 月 26 日，第七届全国人大常委会第一次会议通过了《中华人民共和国环境保护法》。如果再加上资源保护方面的法律，共有 13 部。同时，中国还发布了数百件行政法规和地方性法规，初步形成了环境保护法律体系框架。

2.初步形成可持续发展战略的法律体系

从1992年到2005年，中国生态法制建设的步伐进一步加快。这一时期，体现可持续发展理念的《中华人民共和国环境影响评价法》出台，将规划环境评价纳入了法律调整范畴；《中华人民共和国固体废物污染环境防治法》《中华人民共和国放射性污染防治法》《中华人民共和国清洁生产促进法》等法律相继颁布，同时，对《中华人民共和国水污染防治法》《中华人民共和国大气污染防治法》等一批环境保护法律进行了修订；确立了总量控制、超标违法、生产者责任延伸等一系列法律制度。1997年修订后的《中华人民共和国刑法》还增加了"破坏环境资源保护罪"专节，成为环境保护立法的重大进展和突破。党的十八大以来，先后制定《中华人民共和国土壤污染防治法》《中华人民共和国生物安全法》《中华人民共和国湿地保护法》《中华人民共和国噪声污染防治法》，修订或修正《中华人民共和国大气污染防治法》《中华人民共和国水污染防治法》《中华人民共和国固体废物污染防治法》《中华人民共和国环境影响评价法》等30多部生态环保法，国务院出台《排污许可管理条例》等一批法规，我国基本上形成了较为完整的生态环境保护法律法规体系。

3."环境优化经济增长"确立立法新理念

2006年召开第六次全国环境保护大会之后，中国生态建设立法的指导思想和立法原则也发生了变化。在这一阶段，生态建设立法除了注重量的增加外，还进一步提高了立法质量，生态建设立法正在向覆盖生态建设各个领域、门类齐全、功能完备、措施有力的方向发展，并借助法律大力推动生态建设贯穿于生产、流通、分配、消费的各个环节。同时，地方生态建设立法也异彩纷呈，江苏、湖北、辽宁等地就水污染生态补偿、排污权有偿取得和交易、环境保险等制定了相关规定，为把实践中行之有效的生态建设政策上升到法律规定作出了有益探索。

7.1.3 完善了全方位生态建设内容

生态建设的实质，就是从国家经济建设的整体利益出发，协调生产、加工、需求各部门之间的关系，通过多级的循环作用，充分发挥物质生产潜力，使新产品不断增加，保持自然活力的物质不断得到补充。改革开放之后，党和政府进一步认识到，进行生态建设不仅要防治环境污染，还要保护自然生态环境和自然资源。"保护和改善生活环境和生态环境，防治污染和自然环境破坏，是我国社会主义现代化建设的一项基本国策"①，从此，中国的生态建设开始一手抓环境污染治理，一手抓自然生态环境保护。

1. 环境污染治理

污染，可以简单解释为对正常自然功能的损害。环境污染治理是可持续发展概念的逻辑起点，生态建设与经济社会发展进步的关系是可持续发展实践的基本内容。中国环境污染治理从 20 世纪 70 年代起步，此后在改革开放中不断推进，中国环境污染防治工作重点领域从单一到综合逐渐扩大。其中，在工业污染防治领域，实现从单一点源治理向面源和流域、区域综合整治发展，从浓度控制向浓度控制和总量控制相结合发展，从分散的点源治理向集中控制与分散治理相结合转变。在城市环境保护领域，中国政府历来把城市环境污染防治作为环保工作的重点。由于城市是人口聚集和经济最为集中的地区，城市环境直接反映出某个区域环境问题的焦点和中心。1985 年召开的第一次全国环境保护会议，提出城市环境综合整治的重点是消除污水、烟尘、废渣和噪声污染。为了保证经济与环境的协调并持续发展，第二次全国环境工作会议之后，国务院办公厅转发了国家环保局、建设部《关于进一步加强城市环境综合整治工作的若干意见的通知》，要求继续实行以工业污染防治和基础设施建设为主要内容的城市环境综合整治，以进一步提高城市环境质量，改善城市面貌。此外，中国在水污染防治、大气污染防治、固体污染物防治等方面都取得了重要成绩。

从改革开放起步阶段到 90 年代初，中国的环境污染治理基本上是以末端治理为主。末端治理作为当时广泛应用的一种污染治理模式，对于减少污染物、废弃物的排放量，缓解环境恶化的趋势、改善局部环境质量等发挥了

---

① 国家环境保护总局、中共中央文献研究室：《新时期环境保护重要文献选编》，中央文献出版社、中国环境科学出版社 2001 年版，第 44 页。

重要作用。但也存在投资和运行费用高、建设周期长、经济效益差等问题。90 年代后，更科学合理，更具有前瞻性和主动性的全过程控制方法逐渐进入中国的环境污染治理领域。进入新世纪以后，党和政府明确要求树立和落实可持续的科学发展观。2005 年，国务院发布《国务院关于落实科学发展观加强环境保护的决定》。2006 年通过的《中华人民共和国国民经济和社会发展第十一个五年计划纲要》中特别对单位国内生产总值的能源消耗和主要污染物排放量都提出了约束性指标。在十二届全国人大会议上，国务院总理李克强再次强调要"全面深化污染防治"。

2. 自然生态保护

维护生态系统平衡是建设生态文明的重要任务和提高环境承载能力的基本前提。党的十一届三中全会以后，为了进一步组织和推动全国自然环境保护工作，国务院环境领导小组自然保护处，先后发布了《关于加强自然环境保护工作的通知》《关于开展自然保护工作及调查的通知》。1985 年 6 月，经国务院批准，林业部公布《森林和野生动物类型自然保护区管理办法》，其中规定了自然保护区管理机构的主要任务、建立自然保护区的条件、国家和地方自然保护区的划分、管理机构的性质、在自然保护区开展旅游的条件等。1987 年 5 月 22 日，国务院发布《中国自然保护纲要》，规定了中国政府对保护自然环境和资源的态度及政策，阐明了自然保护在中国现代化建设中的地位和作用，论述了中国陆地和水域存在的重要环境问题及应采取的防治对策，说明了各种自然资源及各类地区在开发和保护中所应遵循的基本原则。在编制《中国自然保护纲要》的同时，国家环保局还主持编纂了《中国自然保护地图集》，系统地反映了中国的自然环境与自然资源。中国自然条件复杂，有多种多样极具价值的自然生态系统，在其典型地区建立自然保护区，也是现代化建设的重要任务。1985 年 7 月 9 日，国务院批准 20 个自然保护区为国家级森林和野生动物类型自然保护区，加上原有的 10 个国家级自然保护区，共计 30 个。这些保护区有的是濒危珍稀树种的原生地和珍稀动物的栖息地，有的代表了中国特有的森林植被类型。8 月 6 日，中国第一个草原自然生态保护区在内蒙古锡林郭勒草原正式成立。从 1998 年起，中国开展了一系列生态建设工程，并逐步形成类型比较齐全、布局比较合理的全国自然保护网络。此后，为了加强野生物种保护和自然保护区的统一管理工作，国家环保局还组织有关部门制定了《中华人民共和国自然保护区条例》（1994 年）、《自然保护区土地管理办法》（1995 年）、《国家级自然保护区监督检查办法》（2006 年）等。这些法规和部门规章，使野生动植物和自然保护区管理工作有章可循，对野生动植物起到了有效保护作用。

在党中央、国务院的高度重视下，全国的自然生态保护建设与管理积极进展，生物多样性保护与生物安全管理工作不断深化，自然生态保护监管力度不断加大。

3. 合理开发和利用自然资源

加强生态建设，就是从国家经济建设的整体利益出发，充分发挥自然资源的潜力。1978 年，国务院在《环境保护工作汇报要点》中指出，"工业'三废'，实质上是能源和资源的浪费"，要"最大限度地把能源和资源综合利用起来"。[①]1981 年 2 月 24 日，国务院作出《关于在国民经济调整时期加强环境保护工作的决定》，强调指出，"环境和自然资源，是人民赖以生存的基本条件，是发展生产、繁荣经济的物质源泉"[②]。1986 年 3 月，第六届全国人大常委会通过的《中华人民共和国矿产资源法》提出：加强矿产资源的勘查、开发利用和保护工作，保障社会主义现代化建设的当前和长远的需要，并进一步对矿产资源的勘查、开采等事项作出明确规定。为了保护、开发土地资源，合理利用土地，切实保护耕地，全国人大常委会于 1986 年通过《中华人民共和国土地管理法》，就土地的所有权和使用权、土地的利用和保护、国家建设用地、乡（镇）建设用地等方面作出明确规定。此间，党中央制定的国

197

① 国家环境保护总局、中共中央文献研究室：《新时期环境保护重要文献选编》，中央文献出版社、中国环境科学出版社 2001 年版，第 11 页。
② 中国环境科学研究院环境法研究所：《中华人民共和国环境保护研究文献选编》，法律出版社 1983 年版，第 65 页。

民经济和社会发展"七五"计划的社会事业发展总目标中，明确提出加强对自然资源的合理开发利用和对污染的防治，使生态环境和劳动环境逐步得到改善的目标。随着可持续发展战略的实施，党和政府进一步认识到经济发展与生态建设既相互制约又相互促进的关系。1992 年 8 月，中共中央办公厅在《我国环境与发展十大对策》中强调："目前，我国经济发展基本上仍然沿用着以大量消耗资源和粗放经营为特征的传统发展模式，这种模式不仅会造成对环境的极大损害，而且使发展本身难以持续，因此，转变发展战略，走可持续发展道路，是加速我国经济发展、解决环境问题的正确选择。"[1]1995 年 9 月，江泽民在论述如何正确处理社会主义现代化建设中的若干重大关系时，强调："要根据我国国情，选择有利于节约资源和保护环境的产业结构和消费方式。坚持资源开发和节约并举，克服各种浪费现象。"[2]党的十四届五中全会和八届全国人大四次会议强调要实施科教兴国战略、可持续发展战略，实现经济体制从传统计划经济体制向社会主义市场经济体制、经济增长方式从粗放型向节约型的两个根本性转变。就生态建设而言，以党的十四届五中全会为标志，生态建设进入一个新的历史发展时期。1997 年，党的十五大再次强调，"资源开发和节约并举，把节约放在首位，提高资源利用效率"[3]。随着经济建设规模的不断扩大，中国资源与环境已成为发展的最大瓶颈制约。党的十六大以后，党中央作出的"统筹人与自然和谐发展"、实现"发展与环境双赢"等决策，对于合理开发和利用自然资源有着重要指导作用。党的十七大强调要转变发展方式，突出要抛弃投入大、能耗高、污染重的传统发展方式，坚定地走新型工业化道路。2013 年 5 月 24 日，习近平总书记在中共中央政治局第六次集体学习时指出："节约资源是保护生态环境的根本之策。要大力

---

① 国家环境保护总局、中共中央文献研究室：《新时期环境保护重要文献选编》，中央文献出版社、中国环境科学出版社 2001 年版，第 194 页。

② 中共中央文献研究室：《江泽民论有中国特色社会主义（专题摘编）》，中央文献出版社 2002 年版，第 291 页。

③ 国家环境保护总局、中共中央文献研究室：《新时期环境保护重要文献选编》，中央文献出版社、中国环境科学出版社 2001 年版，第 471 页。

节约集约利用资源，推动资源利用方式根本转变，加强全过程节约管理，大幅降低能源、水、土地消耗强度，大力发展循环经济，促进生产、流通、消费过程的减量化、再利用、资源化。"[1]2014 年 3 月，李克强总理在十二届全国人大会议上所作的《政府工作报告》中，对生态文明建设工作进行了全面部署。主要包括：全面强化污染防治、推动能源生产和消费方式变革、加大生态保护和建设力度等。2014 年 6 月 3 日，习近平总书记在 2014 年国际工程科技大会上发表主旨演讲时强调："我们将继续实施可持续发展战略，优化国土空间开发格局，全面促进资源节约，加大自然生态系统和环境保护力度，着力解决雾霾等一系列问题，努力建设天蓝地绿水净的美丽中国。"[2]

7.1.4 走出了一条中国特色的生态文明建设之路

改革开放以后，党在推动中国现代化不断前进的过程中，生态文明理论不断深化，走出了一条具有中国特色的生态建设道路。

首先，生态建设经历了治理污染—环境保护—协调发展—生态文明的发展过程。改革开放初期，党在总结历史经验的基础上认识到，把生态建设工作重点放在单纯污染治理上的做法不可能从根本上解决生态问题。因此，党在确立大力发展生产力、以经济建设为中心的政治路线的同时，强调生态环境对经济发展的影响。邓小平十分重视生态建设。他认为，在现代化建设中"各方面需要综合平衡，不能单打一"[3]。他倡导并带头参加义务植树活动。万里也指出，"我国的现代化是在自然环境和社会经济条件中进行的，一切经济工作的成效，既受经济规律的制约，又受自然规律的制约"[4]。1988 年，陈云作出批示："治理污染、保护环境，是我国一项大的国策，要当作一件非常重要的事情来抓。这件事情，一是要经常宣传，大声疾呼，引起人们重视；二

199

---

① 《习近平谈生态文明》，中国共产党新闻网，http：//cpc.people.com.cn/n/2014/0829/c164113-25567379.html。

② 《习近平谈生态文明》，中国共产党新闻网，http：//cpc.people.com.cn/n/2014/0829/c164113-25567379.html。

③ 《邓小平文选（第 2 卷）》，人民出版社 1983 年版，第 250 页。

④ 万里：《造福人类的一项战略任务》，中国环境科学出版社 1992 年版，第 47 页。

是花点钱，增加投资比例；三是抓监督检查，做好落实。"①第二次全国环境保护会议宣布将环境保护作为基本国策后，全国开展了大规模的污染防治和生态环境保护。与此同时，大力开展植树造林和其他多项自然生态的保护工作。90年代之后，党确立了中国经济社会可持续发展战略，努力协调经济发展与人口、资源、环境的关系。对此，党在强调全面加强污染防治的同时，将生态保护提高到与污染防治并重的地位，要求在自然界涵容能力和更新能力允许的范围内，实现经济社会持续发展。江泽民多次强调，"在现代化建设中，必须把实现可持续发展作为一个重大战略"②；"实现可持续发展，核心问题是实现经济社会和人口资源环境协调发展"③。因此，"必须把经济发展与人口、资源、环境结合起来全盘考虑，统筹安排，努力控制人口增长，合理利用资源，切实保护好环境，才能确保国民经济持续、快速、健康发展和社会全面进步"④。党的十五大指出："我国是人口众多、资源相对不足的国家，在现代化建设中必须实施可持续发展战略"⑤，并提出了具体目标和措施。进入新世纪以后，随着中国经济发展进入了关键时期，传统发展方式的资源环境代价太大。这就需要打破发展的资源环境瓶颈制约，转变经济发展方式，切实解决资源约束问题。为此，党的十六届三中全会明确要求，贯彻"以人为本，全面、协调、可持续的发展观"。党的十七大明确提出"建设生态文明"的重要思想，并第一次把建设生态文明作为实现全面建设小康社会奋斗目标的新要求提出来。党的十七届四中全会进一步把生态文明建设提升到与经济建设、政治建设、文化建设、社会建设并列的高度，作为中国特色社会主义伟大事业总体布局的有机组成部分。党的十八大更加明确指出，"中国特色社会主义

① 国家环境保护局：《第三次全国环境保护会议文件汇编》，中国环境科学出版社1989年版，第3页。

② 《江泽民文选（第1卷）》，人民出版社2006年版，第463页。

③ 中共中央文献研究室：《江泽民论有中国特色社会主义（专题摘编）》，中央文献出版社2002年版，第283页。

④ 国家环境保护总局、中共中央文献研究室：《新时期环境保护重要文献选编》，中央文献出版社、中国环境科学出版社2001年版，第452页。

⑤ 中共中央文献研究室：《十五大以来重要文献选编（上）》，人民出版社2000年版，第28页。

道路，就是在中国共产党领导下，立足基本国情，以经济建设为中心，坚持四项基本原则，坚持改革开放，解放和发展社会生产力，建设社会主义市场经济、社会主义民主政治、社会主义先进文化、社会主义和谐社会、社会主义生态文明，促进人的全面发展，逐步实现全体人民共同富裕，建设富强民主文明和谐的社会主义现代化国家"[①]。党的十九大指出，"加快生态文明制度改革，建设美丽中国"。党的二十大特别强调，"尊重自然，顺应自然，保护自然，是全面建设社会主义现代化国家的内在要求"。

其次，生态建设采取强化管理、重视科技与市场机制等措施。从第二次全国环境保护会议到1989年的六七年间，全国以强化生态管理为中心，生态建设出现了新局面。强化生态建设管理，就是制定规划和相应的法规，并建立强有力的机构去实行监督管理。这是考虑到，中国的环境污染和生态破坏主要是管理不善造成的；同时，中国的经济支撑有限，国家不可能拿出很多的钱用于环境治理，必须靠强有力的管理制度来控制生态问题的发展。此外，生态建设思想还包括两点：一是把"预防为主"作为环境政策的基本出发点，要求环境保护与经济建设和城乡建设同步进行，而不是在建设之后再去补救，以达到预防生态问题的目的；二是谁造成环境问题，谁就要承担治理的责任和费用。这样，党坚持以经济建设为中心、坚持改革开放的同时，制定了经济、城乡及环境建设必须同步规划、实施与发展，实现经济、社会和环境三项效益相统一。此间，全国各级政府和社会各界从未停止推进生态建设发展的探索，始终紧跟国家政治、经济、社会发展的形势，各级政府和相关部门保持了良好的政治责任心和社会责任心。经过不断探索，中国生态建设工作在80年代发生了一系列的转变。强化生态建设的管理工作，在一定基础上弥补了资金不足的缺憾，基本上控制住了经济迅速增长可能带来的生态状况恶化的局面。与此同时，中国还积极发挥科技和市场机制在生态建设中的作用。1978年12月，中共中央在批转国务院提交的《环境保护工作汇报要点》中

---

① 十八报告文件起草组：《中国共产党第十八次全国代表大会文件汇编》，人民出版社2012年版，第11页。

就提出"治理'三废'危害，一定要同技术改造、综合利用结合起来解决"。[①]1983年，国务院颁布了《关于结合技术改造防治工业污染的几项规定》，明确要求通过采用先进的技术和设备，提高资源、能源利用率，把污染物消除在生产过程中。在第二次全国环境保护会议上，万里指出，"对大自然的保护，对各类资源的开发和利用，对各种环境污染的防治，都要实行科学管理，既要有科学的态度，又要有科学的方法，要做到这一步，首先必须具备这方面的科学知识"。[②]此后，中国又将市场机制引入污染治理和生态保护的相关工作中。90年代，中国在建立社会主义市场经济体制的过程中，转变传统的发展战略，推行清洁生产。在1993年的第二次全国工业污染防治会上，国务委员宋健提出，"依靠科技发展环保产业"。这样，强化管理和科技进步成为中国生态建设的两块基石。

可以看出，改革开放以后，党在推动现代化建设的过程中，逐渐探索出一条中国特色的生态建设道路，避免走西方工业化国家"先污染、后治理"的老路，从而避免了西方发达国家"八大公害事件"[③]的悲剧。改革开放之后，中国国民生产总值不断以较高的速度增长，生态环境质量也基本避免了相应的恶化局面。中国的生态建设实践，不仅证明了"先污染、后治理"并非必然之路，也证实了中国的经济、社会和环境协调发展的方针是有成效的。

7.2　历史经验

7.2.1　生态文明建设必须与中国发展相合拍

改革开放以后，随着人口的增长、经济的发展和人民消费水平的提高，

---

① 国家环境保护总局、中共中央文献研究室：《新时期环境保护重要文献选编》，中央文献出版社、中国环境科学出版社2001年版，第22页。

② 国家环境保护总局、中共中央文献研究室：《新时期环境保护重要文献选编》，中央文献出版社、中国环境科学出版社2001年版，第41页。

③ "八大公害事件"，是因环境污染造成的在短期内人群大量发病和死亡的事件。具体指1930年的比利时马斯河谷烟雾事件、1943年的美国洛杉矶烟雾事件、1948年的美国多诺拉事件、1952年的英国伦敦烟雾事件、1953—1968年的日本水俣病事件、1955—1961年的日本四日市哮喘事件、1963年的日本爱知县米糠油事件、1955—1968年的日本富山痛痛病事件。

中国生态环境面临越来越大的压力。在治理生态环境能力和条件十分有限的情况下，生态问题将成为中国社会经济发展的主要制约因素。但中国是一个发展中国家，生态建设必须与国家的经济条件和发展水平相适应。为此，党从社会主义初级阶段的现实国情出发，在强调发展是第一要务的同时，要求处理好社会发展与生态建设的关系。这是因为：一方面，中国生态环境已进一步制约发展，并且经济社会发展表现得不平衡、不协调且不可持续，另一方面，中国发展不足的问题依然十分突出，部分群众还不富裕。

20世纪70年代初，中国生态建设由治理工业环境污染、整治局部地区环境破坏起步。为了促进经济社会发展与生态建设的协调发展，党在80年代把防治工业污染、保护环境提到了重要的议事日程，制定并实施了一系列生态建设的方针、政策、法律和措施；通过调整不合理的工业布局、产业结构和产品结构，结合技术改造、强化环境管理等政策和措施，对工业污染进行综合防治。90年代确立社会主义市场经济体制以后，中国经济发展取得了巨大的成就，但是，能够为中国工业化目标而垫付使用的生态潜力已基本使用殆尽，社会发展压力集中指向基础薄弱的生态环境。可以说，中国为了取得经济建设成就，在一定程度上放弃了生态环境。实践证明，在一个国家人均的资源相对不足，却以过量消耗资源和环境容量为代价推进工业化，不仅使得有限的资源难以支撑，就是工业化与经济发展也将难以为继，最终只会破坏生态环境。中国的生态环境破坏的情况已很突出，如果在现代化建设中再不注意生态建设，必将造成更为严重的后果，现代化建设也将很难顺利进行。中国的生态环境恶化有多方面原因。首先，在中国开始现代化建设进程的时候，像其他发展中国家一样，由于经济建设资金缺乏，因而用于生态建设的投入就有限。其次，中国长期以来实行以"高投入、高消耗、高排放、低效益"为主要特征的粗放型经济增长方式，导致发展不可持续。在保证生存和持续发展的目标选择下，寻求符合中国国情的发展模式，通过科学技术，缓解资源短缺和环境破坏。为此，党在指导现代化实践中，从中国经济社会发展的层面上，确立了有限度开发自然观念，要求经济社会与人口、资源、环境相协调，实现可持续发展。

进入 21 世纪以后，中国经济建设的规模进一步扩大，资源供需矛盾也变得越来越大，中国成为世界上能源消耗和污染排放的大国。生态环境是发展的基础，发展的目的是为人民谋福祉。"'十五'期间，我国工业化、城市化将继续发展，人口还要增加"，"实践证明，无论什么地方，保护好环境就能增强投资吸引力和经济竞争力。加快经济建设，绝不能以破坏环境为代价，绝不能把环境保护同经济建设对立起来或割裂开来"。[①] 因此，对于中国的发展历程来说，变革发展方式势在必行。必须在经济与生态环境之间寻求一种新的、不同于以往那样向经济过度倾斜的平衡，即实现经济与发展的协调发展。就是要把经济发展与生态建设紧密结合起来，推动发展进入转型轨道，把生态环境容量和资源承载力作为发展的基本前提，把生态建设融入经济社会发展的各个方面。这样，党又提出了"建设资源节约型、环境友好型社会"，"基本形成节约型能源资源和保护生态环境的产业结构、增长方式、消费模式"。[②] 国务院根据中央精神，也提出了以"代价小、效益好、排放低、可持续"为主要内涵的环境保护新道路。"代价小"，就是要以尽可能小的资源环境代价支撑更大规模的经济活动。"效益好"，就是要坚持生态建设与经济建设和社会建设相统筹。"排放低"，就是坚持污染预防与环境治理相结合，把经济社会活动对环境损害降低到最小程度。"可持续"，就是通过建设资源节约型、环境友好型社会，推动经济社会可持续发展。在探索生态建设的过程中，中国还着力构建六大环境保护体系：与中国国情相适应的环境保护体系、全面高效的污染防治体系、健全的环境质量评价体系、完善的环境保护法规政策和科技标准体系、完备的环境管理和执法监督体系、全民参与的社会行动体系。党的十八大又将"绿色发展、循环发展、低碳发展"写入大会报告。这就是向世界宣告：中国要发展环境友好型产业，降低能耗和物耗，保护和

---

① 中共中央文献研究室：《十五大以来重要文献选编（下）》，人民出版社 2003 年版，第 2188 页。
② 中共中央文献研究室：《中国共产党第十七次代表大会文件汇编》，人民出版社 2007 年版，第 20 页。

修复生态环境，使经济社会发展与自然相协调。党的二十大报告，将中国式现代化与中国特色社会主义生态文明建设紧密结合起来，强调推动绿色发展，促进人与自然和谐共生。

可见，在党的生态文明建设理论下，中国在改革开放和加速经济建设的过程中，没有对生态遭到破坏的情况放任自流，而是根据本国国情，从国家经济建设的整体利益出发，坚持预防为主、全过程控制，在投入有限的情况下，改变不合理的产业结构、资源利用方式、能源结构、空间布局、生活方式，自觉地推动绿色发展、循环发展、低碳发展，充分发挥物质生产潜力，保持自然活力的物质不断得到补充，实现经济社会发展与生态建设的共赢。

7.2.2 生态文明建设必须与国际形势相呼应

生态建设无国界，它关系人类甚至每一个国家、民族和个人的前途命运。因此，必须开展生态建设国际交流与合作。改革开放以来，中国的生态建设一直与世界生态建设相呼应。中国通过生态建设国际交流与合作，一方面不断学习和借鉴了发达国家生态建设的经验和教训，引进了大量的资金、技术和管理经验与政策;另一方面，维护了国家利益，为全球生态建设作出了贡献。

从 20 世纪 30 年代开始，尤其是五六十年代以来，欧、美、日等发达国家相继发生了以"八大公害事件"为代表的震惊世界的生态破坏事件。1962 年，美国生物学家雷切尔·卡逊的《寂静的春天》标志着发达国家和人类社会现代生态意识被唤醒。在新中国成立后的一二十年时间里，党中央领导下的生态建设工作取得积极成就，尤其是周恩来亲自指导下的生态建设工作，在国外也得到高度评价。据新华社斯德哥尔摩发回的消息:瑞典《快报》报道"中国是世界各国环境保护最好的国家";"中华人民共和国在废物利用方面是'世界冠军'"。该报纸还引用日本研究人员的话说："中国解决了工业国家正在与之斗争的许多环保问题"，"没有中国参加的环保会议，实际上没有什么价值。我们必须向中国学习。"1971 年 10 月 20 日至 26 日，担任美国总统国家安全事务助理的基辛格再次来华。基辛格向周恩来总理提出讨论中美科技文化交流问题。在中美科技文化交流的会谈过程中，美方代表说："周恩来总理关心环境保护和地球自然生态学的问题。这是当今许多国家探讨的主要问题。"美国深刻认识到，"工业高度发达的国家负有特殊的责任来尽力减少公害以及对环境的不利影响"，并向中方提出请求，"我们准备向你们提供美国环境问题的性质和广度的资料"，"希望你们帮助我们治理公害"。1972年，中国政府派出代表团参加了在斯德哥尔摩召开的人类环境会议。此后，中国的生态建设追随着改革开放的步伐，走向世界，融入国际社会。

1972年联合国人类环境会议以后，尽管各国在采取措施保护生态，但生态破坏的程度仍在加剧，并且范围也在扩大。为此，联合国于1980年向全世界发出呼吁：必须研究自然的、社会的、生态的、经济的以及利用自然过程中的基本关系，确保全球可持续发展。1983年，联合国组建了世界环境与发展委员会，组织世界范围的专家全面深入研究环境与发展问题。1987年，世界环境与发展委员会在《我们共同的未来》报告中提出了可持续发展概念，尤其是1992年召开的联合国环境与发展大会形成的《里约环境与发展宣言》与《21世纪议程》两份文件，标志着世界生态建设进入全面实施可持续发展战略的全新时期。中国的生态建设一直与世界密切相连。从1972年到1979年是中国生态建设初登国际舞台的时期。这一时期，中国开始参与国际生态建设发展进程，但还处于学习、了解国际生态建设的初级阶段。1980—1992年，是中国生态建设国际合作与交流稳步发展阶段。这期间，中国以双边合作、国际组织合作为渠道，以引进先进理念、管理经验，引进资金与技术和培训人才为主，国内生态建设政策也随着国际合作的不断深化。此外，中国还相继批准了《联合国气候变化框架公约》《生物多样性公约》《保护臭氧层维也纳公约》等重要国际环境公约。1990年7月，国务院环境保护委员会第18次会议审议通过了《中国关于全球环境问题的原则立场》文件，奠定了中国参与国际生态建设事务合作的基础。1993—2003年，中国生态建设国际合作交流进入了积极务实、维护权益、争取利益、拓展合作的新阶段。以参与联合国环境与发展大会为起点，中国的生态建设国际交流合作开始从被动"接纳"转为主动"参与"，多边、区域和双边环境合作取得了很大进展。同时，随着中国综合国力不断上升、国际地位和影响与日俱增，众多国际生态建设问题的解决越来越离不开中国参与贡献。中国在积极参与国际环境公约的谈判和制定进程中，以最大限度地维护国家发展权益，为中国可持续发展争取有利的国际空间。1997 年，中国宣布做"负责任国家"，对外积极树立良好的生态环境国际形象，履行与中国发展水平和发展阶段相适应的生态建设责任；对内采取"以外促内"，相继加大引进国际资金、先进管理经验和技术的力度，促进国内生态建设工作与国际接轨，提升水平，加强能力建设。不仅如此，中国政府还强调，发达国家是造成当代环境问题的主要责任者，解决全球生态问题要注意维护发展中国家的利益，建立符合发展中国家利益的国际经济秩序，充分发挥发展中国家的作用。从 2003 年开始，中国在生态建设方面大事不断，特别是党的十七大首次将环保国际合作作为和平发展道路的重要组成部分，提出"环保上相互帮助、协力推进，共同呵护人类赖以生存的地球家园"。2013 年 7 月 18 日，习近平总书记向生态文明贵阳国际论坛2013 年年会致贺信时强调："中国将继续承担应尽的国际义务，同世界各国深入开展生态文明领域的交流合作，推动成果分享，携手共建生态良好的地球美好家园。"[①] 习近平总书记从人类共同利益的唯物主义立场出发，倡导"人类命运共同体意识"。这既代表全体中国人民的利益，也符合全人类的共同利益。

总之，中国生态建设与国际形势相呼应，大致经历了从被动参与、接受、适应到维护、发展和发挥建设作用的过程。生态国际合作与交流一方面为中国生态建设政策的制定、法制的建设、相关科学的发展、生态建设人才的培养乃至外资渠道的拓宽都发挥了积极作用；另一方面，中国积极参与国际生态建设交流与合作，维护了国家利益和生态建设话语权，为保护人类生态环境作出了积极贡献。

---

① 《习近平谈生态文明》，中国共产党新闻网，http：//cpc.people.com.cn/n/2014/0829/c164113-25567379.html。

7.2.3　生态文明建设必须与马克思主义生态观紧密结合

马克思、恩格斯所处时代的生态环境问题虽不突出，但他们已经意识到生态问题的严重性。在马克思、恩格斯各个时期的著作中，都闪耀着马克思主义生态观的光辉。正如弗罗洛夫所说："无论现在的生态环境与马克思当时所处的情况多么不同，马克思对这个问题的理解、他的方法、他解决社会和自然相互作用问题的观点，在今天仍然是非常现实和有效的。"[1]

在马克思主义生态观中，人与自然的辩证关系是其核心内容。马克思曾指出：人靠自然来生活。恩格斯也说，我们连同我们的肉、血和头脑，都是属于自然界和存在于自然之中的。[2]同时，自然界也为人类提供物质和精神需求。但是，资本主义工业文明在其发展过程中，一方面创造了辉煌的物质文明，另一方面也给人类带来严重的生态危机。20世纪尤其是第二次世界大战以来，西方国家工业化快速推进，经济规模迅速扩张。以"工业化生产方式和人类中心主义价值观"为特征的工业文明，在极大地促进了社会物质财富积累的同时，造成了日趋枯竭的资源问题和严重的生态问题，对人类健康和经济社会持久发展带来了严重的影响和挑战。对此，马克思早就发出警告：不以自然界规律为依据的人类计划，只会带来灾难。恩格斯也指出，"我们不要过分陶醉于我们人类对自然界的胜利。对于每一次这样的胜利，自然界都对我们进行报复"[3]。

时代迫切呼唤人与自然、人与社会、人与自我全面和谐，就是在西方工业文明所奠定的基础上重新反思人、自然、社会三者之间的相互关系，建立和谐的生态、和谐的人格与和谐的社会。

中国共产党在继承和发展马克思主义生态观的基础上，立足于改革开放以来中国的新国情，放眼不断变化的新世界，倚重各种先进的新技术，体现

---

① 转引自：本书编写组《生态文明建设读本》，中共中央党校出版社2007年版，第7页。

② 中共中央马克思恩格斯列宁斯大林著作编译局：《马克思恩格斯选集（第四卷）》，人民出版社1995年版，第384页。

③ 中共中央马克思恩格斯列宁斯大林著作编译局：《马克思恩格斯选集（第四卷）》，人民出版社1995年版，第383页。

出了时代性；丰富和发展了中国共产党"以人为本"的执政理念，充分体现了把人的生存和发展作为最高价值目标的取向。由于党在领导开创中国特色社会主义建设新局面的过程中，坚持解放思想，实事求是，顺应时代潮流，在总结历史经验的基础上，生态文明建设理论不断深化。党的生态文明建设的发展过程，不仅体现了党对自然规律及人与自然关系认识的深化，对中国特色社会主义建设规律认识的深化，更是推动经济社会实现科学发展的必然要求。

7.2.4 生态文明建设必须与广大民众生态教育紧密结合

生态教育既是生态建设的重要组成部分，又直接影响生态建设发展进程，具有先导性和基础性作用。与西方国家不同，中国生态建设工作不是由民间发起，而是从政府开始推动的。相应地，中国的生态教育也是由政府主导、自上而下的形式展开的。

改革开放以来，全国的生态教育工作在社会各界的共同参与下，取得了积极进展，生态舆论的倡导能力显著增强，广大民众的生态观念普遍提高，各级政府领导的可持续发展观念得到快速提升，初步形成了政府、部门和社会齐抓共进的生态教育格局。这些都极大地推动了中国生态文明建设事业的发展，为推进生态建设历史性转变作出了贡献。

开展社会生态教育，增强公众保护生态的自觉性。建设生态文明的"美丽中国"，不仅需要每一个人从自己做起，也需要全社会形成关注生态的整体氛围；同时，把国家建设成经济繁荣、生态良好的美好家园，也是亿万人民的共同愿望。多年来，中国在提高公众的生态意识方面做了许多工作，坚持不懈地采取多种形式向公众宣传环境保护的重要意义。1972 年，联合国正式将 6 月 5 日定为"世界环境日"。1985 年,中国国家环保局开始组织纪念"六五"世界环境日活动。这样，中国的生态教育获得一个有效的载体。此后，全国围绕世界"六五"世界环境日主题，从省到市、县，甚至到乡村，都开展了内容十分丰富的宣传活动，每年有上百万人参加，公众的环保意识得到明显提高。从 1993 年 8 月开始，全国人大环境与资源保护委员会、中共中央宣传部、广播电视部、国家环境保护局联合开展了"中华环保世纪行"的宣传活动。在短短的 3 个月时间里，有近 20 家新闻单位的 100 多名记者分赴全国进行采访，行程数万公里，发稿 300 余万篇[①]。中央电视台在新闻联播中特开辟"中华环保世纪行"专栏，连续播出 20 集。"中华环保世纪行"通过对一些严重污染环境和破坏资源问题进行新闻曝光，开展舆论监督。如淮河污染就是通过"中华环保世纪行"的新闻曝光，引起政府的高度重视后开始治理的。同时，对违法行为进行批评，对遵守法律在环境与资源保护方面表现好、作出成就的进行表扬。2000 年之后，中国还开展了创建"绿色家庭""绿色社区"活动。从 2003 年起，原国家环保部门与全国妇联联合开展"绿色家庭"系列宣传活动。在 2005 年的世界环境日，原中国国家环境保护总局发布了世界环境日的中国主题（"人人参与，创建绿色家园"），号召全社会行动起来，积极投身建设生态省、环境保护模范城、生态工业园、绿色社区等，建设人与自然和谐的绿色家园。也是在这一年，国家环境保护总局对首批全国"绿色社区"活动的"先进区进行了表彰。"绿色家庭""绿色社区"创建活动有效增强了公众的生态意识。此后，围绕每年"六五"世界环境日中国主题，开展生态教育活动，例如，2007 年在中南海召开世界环境日座谈会，2008 年组织全国环境知识竞赛，2009 年举办"探索中国特色环境保护新道路"论坛，均取得强烈反响。

开展在校学生的生态教育，培养和提高青少年、儿童的生态意识。中国除了注意向公众进行环境教育外，还特别重视对学生的环境教育。从小学到中学都有环保方面的教学内容。1980 年 5 月，国务院环境保护领导小组与相关部门共同制定了《环境教育发展规划（草案）》，并将其纳入了国家教育计划之中，将生态教育提升到应有高度，中国生态专业教育的轮廓基本划定，包括高等专业教育、中等专业教育和职业高中教育，分别培养不同层次的生态建设人才。1996 年《全国环境宣传教育行动纲要》首次提出了创建"绿色学校"活动。2000 年，原国家环境保护总局和教育部在深圳召开全国"绿色

---

① 《改革开放中的中国环境保护事业 30 年》编委会：《改革开放中的中国环境保护事业 30 年》，中国环境科学出版社 2010 年版，第 314 页。

学校"表彰大会，表彰了 105 所学校。此后，越来越多的学校参加到创建活动中来。"绿色学校"的创建活动，提高了中小学青少年的生态意识，树立了良好的生态道德观念。这些学校培养出来的广大青少年已经成为中国生态建设事业的一支生力军。

生态教育是提高全民族文明素质的重要手段，是推动历史性转变的重要保障。当然，在广大民众的生活水平还比较低的时候，他们的注意力主要放在物质生活条件的改善上，而对于生活的环境质量并没有过高要求。这种情况下，人们难以对生态质量退化的情况引起足够的重视和强烈的反应。但经济的持续发展与生态环境不断恶化会逐渐加剧，生态问题与经济发展之间存在的不协调、不同步的问题难以得到有效解决。因此，我们要加强生态教育，形成全社会热爱环境、保护生态的良好氛围，努力提高全民生态意识，形成节约资源与保护生态环境的产业结构与消费模式，全方位推动更有力度、更高水平的生态文明建设。

结语

　　中国共产党生态文明建设理论，是党在领导中国现代化建设和改革开放的实践中，逐渐形成和发展起来，是中国特色社会主义理论体系的重要组成部分。中国的生态文明建设取得了积极成就：在国家层面，通过立法、执法、政策引导、宣传教育等，推动国内生态建设问题的解决；在国际层面，通过推动缔结国际环境公约、建立联合国环境机构、筹集环境资金和帮助建设技术能力等，在全球层面推动生态环境治理。改革开放以来，中国现代化建设取得巨大成就，中国的 GDP 总量已经占据世界第二位，而在发展的过程中，中国并没有出现像西方国家曾发生的严重生态事件。从这一点上来说，中国的生态建设的成就是巨大的。

　　但是，改革开放以来，中国工业化快速发展，以牺牲环境换取经济增长的发展方式没有得到根本性改变，影响生态建设体制机制、政策等因素有待破解，很多地方还不能完全消除"边治理、边污染"的状况。因而，中国环境形势仍然十分严峻，生态环境问题相当突出。目前，中国总体上仍然处于发展中国家水平，正面临着继续发展经济和强化生态建设的双重任务。随着中国工业化和城镇化的快速发展，加上长期的粗放型的生产方式，以及由此造成严重的资源浪费与环境污染状况，使得中国在发展中遇到不可持续的问题十分突出。主要是经济总量快速增长与环境容量有限、减排潜力减小的矛盾长期存在。随着人口不断增加和经济持续发展,这个问题将更加突出。因此,解决历史遗留的生态问题,是中国式现代化建设面临的一项长期而且艰巨的任务。中国未来的生态建设任重道远,这就需要中国共产党领导全国人民在进行现代化建设的实践中,进一步探索具有中国特色的生态文明建设理论体系及实践模式。

当代生态建设环境问题是一个复杂的社会、经济、自然相互促进、相互制约的复合问题。生态建设不是短期行为,要有长期的危机感、紧迫感。发展是永恒的主题,是人类满足自身需要的实践活动的全部过程和结果。为实现宏观控制和协调发展的目标,中国必须把生态建设放在改革资源利用方式、协调生产力布局与培养自然支持系统的基础上,加速生态建设。党的十八大报告在突出生态文明建设的地位的同时,强调其融入经济、政治、文化及社会建设各个方面和整个过程。习近平总书记也对生态文明建设作出一系列重要论述,表达了党和政府大力推进生态文明建设的鲜明态度和坚定决心。生态文明建设是一个长期艰苦努力的过程,要克服种种困难,这就要求中国共产党在实践中探索,在探索中实践,不断创新和完善有效解决生态建设问题的具体办法。建设生态文明是一场深刻的革命,事关中国改革与发展的全局。因此,全面有效地开展生态文明建设,必须坚持和加强党对生态文明建设的全面领导。因为,无论是转变思想观念、转化发展方式,还是偿还生态欠债、完善考评制度,都必须在党的坚强领导之下,由各级领导机关着力实施,才能顺利进行,卓见成效。

参考文献

[1]《马克思恩格斯选集》(第1—4卷),人民出版社1972年版。

[2]《毛泽东选集》(第1—4卷),人民出版社1991年版。

[3]《毛泽东文集》(第1—8卷),人民出版社1993年版。

[4]《邓小平文选》(第1—3卷),人民出版社1993年、1994年版。

[5]《江泽民文选》(第1—3卷),人民出版社2006年版。

[6]中共中央文献研究室:《建国以来重要文献选编》(第1—20卷),中央文献出版社1992—1998年版。

[7]中共中央文献研究室:《建国以来毛泽东文稿》(第1—13册),中央文献出版社1987—1998年版。

[8]中共中央文献研究室:《三中全会以来重要文献选编》,人民出版社1980年版。

[9]中共中央文献研究室:《十二大以来重要文献选编》(上、中、下),人民出版社1986年、1988年版。

[10]中共中央文献研究室:《十三大以来重要文献选编》(上、中、下),人民出版社1991年、1993年版。

[11]中共中央文献研究室:《十四大以来重要文献选编》(上、中、下),人民出版社1996年、1997年、1999年版。

〔12〕中共中央文献研究室:《十五大以来重要文献选编》(上、中、下),人民出版社 2000 年、2001 年版。

〔13〕中共中央文献研究室:《十七大以来重要文献选编》(上、中、下),人民出版社 2009 年版。

〔14〕十八大报告文件起草组:《中国共产党第十八次全国代表大会文件汇编》,人民出版社 2012 年版。

〔15〕中国环境科学院环境法研究所:《中华人民共和国环境保护研究文献选编》,法律出版社 1983 年版。

〔16〕《中国自然保护纲要》编写委员会:《中国自然保护文集》,中国环境科学出版社 1990 年版。

〔17〕国家环境保护总局:《新时期环境保护重要文件选编》,中央文献出版社 2001 年版。

〔18〕张静如:《中国共产党通史》,广东人民出版社 2002 年版。

〔19〕《中华人民共和国日史》编委会:《中华人民共和国日史》,四川人民出版社 2000 年版。

〔20〕徐达深:《中华人民共和国实录》,吉林人民出版社 1994 年版。

〔21〕松年、吴少京:《中华人民共和国国史全鉴》,中央文献出版社 2005 年版。

〔22〕中共中央党史研究室第三研究部:《中国改革开放史》,辽宁人民出版社 2002 年版。

〔23〕武力:《中华人民共和国经济史》(上、下),中国经济出版社 1999 年版。

〔24〕刘国光、张卓元、董志凯等:《中国十个五年计划研究报告》,人民出版社 2006 年版。

〔25〕《当代中国的计划工作》办公室:《中华人民共和国国民经济和社会发展计划大事辑要》(1949—1985),红旗出版社 1985 年版。

〔26〕李慧斌、薛晓源、王治河:《生态文明与马克思主义》,中央编译出版社 2008 年版。

［27］刘仁胜：《生态马克思主义概论》，中央编译出版社 2007 年版。

［28］吴凤章：《生态文明构建：理论与实践》，中央编译出版社 2008 年版。

［29］陈学明：《生态文明论》，重庆出版社 2008 年版。

［30］本书编写组：《生态文明建设学习读本》，中共中央党校出版社 2007 年版。

［31］《改革开放中的中国环境保护事业 30 年》编委会：《改革开放中的中国环境保护事业 30 年》，中国环境科学出版社 2010 年版。

［32］全国干部培训教材编审指导委员会：《生态文明建设与可持续发展》，人民出版社、党建读物出版社 2011 年版。

［33］曲格平：《环境觉醒——人类环境会议和中国第一次环境保护会议》，中国环境科学出版社 2010 年版。

［34］国家环境保护局：《第三次全国环境保护会议文件汇编》，中国环境科学出版社 1989 年版。

［35］国家环境保护局：《第四次全国环境保护会议文件汇编》，中国环境科学出版社 1996 年版。

［36］国家环境保护局：《第二次全国城市环境保护工作会议文件资料汇编》，中国环境科学出版社 1993 年版。

［37］曲格平：《梦想与期待：中国环境保护的过去与未来》，中国环境科学出版社 2004 年版。

［38］曲格平：《中国的环境与发展》，中国环境科学出版社 1992 年版。

［39］全国环境保护会议秘书处：《环境保护经验选编》，人民出版社 1973 年版。

［40］国家环境保护局：《中国环境保护事业（1981—1985）》，中国环境科学出版社 1988 年版。

［41］国家环境保护总局自然生态保护司：《自然保护区工作手册——法规文件选编》，中国环境科学出版社 2002 年版。

［42］赵德馨：《中华人民共和国经济专题大事记（1985—1991）》，河南

人民出版社 1999 年版。

［43］康琼：《二十世纪九十年代以来中国共产党环境管理思想研究》，中国言实出版社 2008 年版。

［44］《中国环境保护行政二十年》编委会：《中国环境保护行政二十年》，中国环境科学出版社 1994 年版。

［45］国家环境保护局：《第六次全国环境保护大会文件汇编》，中国环境科学出版社 2006 年版。

［46］环境保护部：《第七次全国环境保护大会文件汇编》，中国环境科学出版社 2012 年版。

［47］赵增延、赵刚：《中国革命根据地经济大事记（1927—1937）》，中国社会科学出版社 1988 年版。

［48］中国社会科学院经济研究所现代经济史组：《中国革命根据地经济大事记（1937—1949）》，中国社会科学出版社 1988 年版。

［49］张泰城：《井冈山革命根据地经济建设史》，江西人民出版社 2007 年版。

［50］中国井冈山干部学院教材编审委员会：《井冈山革命根据地简史》，党建读物出版社 2007 年版。

［51］顾龙生：《中国共产党经济思想史》，山西经济出版社 1999 年版。

［52］中国抗日战争史学会中国人民抗日战争纪念馆：《抗战时期的陕甘宁边区》，北京出版社 1995 年版。

［53］中央档案馆：《共和国雏形——华北人民政府》，西苑出版社 2000 年版。

［54］中共中央党史研究室：《党的十七大以来大事记》，人民出版社 2012 年版。

［55］中共中央党史研究室：《党的十八大以来大事记》，人民出版社 2017 年版。

［56］中共中央宣传部：《习近平总书记系列重要讲话读本》，学习出版社、

人民出版社 2016 年版。

［57］《习近平谈治国理政》，外文出版社 2014 年版。

［58］《习近平谈治国理政（第二卷）》，外文出版社 2017 年版。

［59］人民日报评论部：《习近平用典》，人民日报出版社 2015 年版。

［60］习近平：《决胜全面建成小康社会　夺取新时代中国特色社会主义伟大胜利——在中国共产党第十九次全国代表大会上的报告》，人民出版社 2017 年版。

［61］本书编写组：《中国共产党第十九次全国代表大会文件汇编》，人民出版社 2017 年版。

［62］中共中央文献研究室：《习近平关于社会主义生态文明建设论述摘编》，中央文献出版社 2017 年版。

［63］沙健孙：《中国共产党通史》（1—5 卷），湖南教育出版社 1996—2000 年版。

［64］中央档案馆：《中共中央文件选集》（1—18），中共中央党校出版社 1989—1992 年版。

［65］中共中央文献研究室：《建国以来毛泽东文稿》（1—13 卷），中央文献出版社 1996—1999 年版。

［66］中共中央文献研究室：《毛泽东文集》（1—8 卷），人民出版社 1993—1999 年版。

［67］《万里文选》，人民出版社 1995 年版。

［68］万里：《造福人类的一项战略任务——论中国的环境保护和城市规划》，中国环境科学出版社 1992 年版。

［69］郭德宏：《历史的跨越——中华人民共和国国民经济和社会发展"一五"计划至"十一五"规划要览》，中共党史出版社 2006 年版。

［70］全国人大财政经济委员会办公室：《建国以来国民经济和社会发展五年计划重要文件汇编》，中国民主法制出版社 2008 年版。

［71］中共中央文献研究室：《毛泽东农村调查文集》，人民出版社 1982 年版。

［72］中共中央文献研究室：《毛泽东著作专题摘编》（上、下），中央文献出版社 2003 年版。

［73］中共中央文献研究室：《毛泽东论林业》（新编本），中央文献出版社 2003 年版。

［74］中共中央文献研究室：《周恩来年谱（1949—1976）》，中央文献出版社 1997 年版。

［75］《周恩来选集》（下卷），人民出版社 1984 年版。

［76］中共中央文献研究室：《周恩来经济文选》，中央文献出版社 1993 年版。

［77］中共中央文献研究室、国家林业局：《周恩来论林业》，中央文献出版社 1999 年版。

［78］《刘少奇选集》（下卷），人民出版社 1981 年版。

［79］《陈云文选（1956—1985）》，人民出版社 1986 年版。

［80］李鹏：《论有中国特色的环境保护》，中国环境科学出版社 1992 年版。

［81］中共中央文献研究室：《江泽民论有中国特色社会主义》（专题摘编），中央文献出版社 2002 年版。

［82］薄一波：《若干重大决策与事件的回顾》，中央党校出版社 1997 年版。

［83］中共中央文献研究室、国家林业局：《刘少奇论林业》，中央文献出版社 2005 年版。

［84］［美］丹尼斯·梅多斯、乔根·兰德斯、丹尼斯·梅多斯：《增长的极限》，李涛、王智勇译，吉林人民出版社 1997 年版。

［85］［美］霍华德·马凯尔：《瘟疫的故事》，罗尘译，上海社会科学出版社 2003 年版。

［86］［美］蕾切尔·卡逊：《寂静的春天》，吕瑞兰、李长生译，吉林人民出版社 1997 年版。

［87］［美］芭芭拉·沃德、勒内·杜博斯：《只有一个地球》，《国外公害丛书》

编委会译校，吉林人民出版社 1997 年版。

［88］［英］布雷恩·威廉·克拉普：《工业革命以来的英国环境史》，王黎译，中国环境科学出版社 2011 年版。

［89］曹立、郭兆晖：《讲述生态文明的中国故事》，人民出版社 2020 年版。

［90］黑晓卉、尹洁：《新时代中国特色社会主义生态文明思想研究》，人民出版社 2022 年版。

［91］戴圣鹏：《人与自然和谐共生的生态文明》，社会科学文献出版社 2022 年版。

［92］钱海：《生态文明与中国式现代化》，中国人民大学出版社 2023 年版。